全国药学、中药学类专业实验实训数字化课程建设

U0642571

基础化学实验操作技术

JICHU HUAXUE SHIYAN CAOZUO JISHU

（第2版）

主编　黄月君　叶国华　吴　晟

手机扫描注册
观看操作视频
一书一码

北京科学技术出版社

图书在版编目（CIP）数据

基础化学实验操作技术/黄月君，叶国华，吴晟主编． —2版． —北京：北京科学技术出版社，2019.6（2022.6重印）

全国药学、中药学类专业实验实训数字化课程建设

ISBN 978-7-5714-0345-4

Ⅰ．①基… Ⅱ．①黄… ②叶… ③吴… Ⅲ．①化学实验－高等职业教育－教材 Ⅳ．①O6-3

中国版本图书馆 CIP 数据核字（2019）第 117764 号

基础化学实验操作技术（第 2 版）

主　　编：黄月君　叶国华　吴　晟
策划编辑：曾小珍　张　田
责任编辑：张青山
责任校对：贾　荣
责任印制：李　茗
封面设计：铭轩堂
版式设计：崔刚工作室
出 版 人：曾庆宇
出版发行：北京科学技术出版社
社　　址：北京西直门南大街 16 号
邮政编码：100035
电话传真：0086-10-66135495（总编室）
　　　　　0086-10-66113227（发行部）　0086-10-66161952（发行部传真）
电子信箱：bjkj@bjkjpress.com
网　　址：www.bkydw.cn
经　　销：新华书店
印　　刷：河北鑫兆源印刷有限公司
开　　本：787mm×1092mm　1/16
字　　数：280 千字
印　　张：10.25
版　　次：2019 年 6 月第 2 版
印　　次：2022 年 6 月第 2 次印刷
ISBN 978-7-5714-0345-4/O · 035

定　　价：46.00 元

全国药学、中药学类专业实验实训数字化课程建设

总 主 编

张大方

长春中医药大学、东北师范大学人文学院　教授

方成武

安徽中医药大学　教授

张彦文

天津医学高等专科学校　教授

张立祥

山东中医药高等专科学校　教授

周美启

亳州职业技术学院　教授

朱俊义

通化师范学院　教授

马　波

安徽中医药高等专科学校　教授

张震云

山西药科职业学院　教授

编者名单

主　编　黄月君　叶国华　吴　晟
副主编　张学红　权春梅　李　雪　范　珍
编　者（以姓氏笔画为序）
　　　　王雷清（山东中医药高等专科学校）
　　　　叶国华（山东中医药高等专科学校）
　　　　权春梅（亳州职业技术学院）
　　　　孙亮亮（安徽中医药高等专科学校）
　　　　李　雪（东北师范大学人文学院）
　　　　吴　晟（安徽中医药高等专科学校）
　　　　张学红（山西药科职业学院）
　　　　范　珍（安庆医药高等专科学校）
　　　　胡清宇（山西药科职业学院）
　　　　袁海平（山西药科职业学院）
　　　　黄月君（山西药科职业学院）
　　　　薛俊娟（山东中医药高等专科学校）

总前言

　　为贯彻教育部有关高校实验教学改革的要求,即"注重增强学生实践能力,培育工匠精神,践行知行合一,多为学生提供动手机会,提高解决实际问题的能力",满足培养应用型人才的迫切需求,我们组织全国20余所院校的优秀教师、行业专家启动了"全国药学、中药学类专业实验实训数字化课程建设"项目。

　　本套教材以基本技能与方法为主线,归纳每门课程的共性技术,以制定规范化操作为重点,将典型实验实训项目引入课程之中,这是本套教材改革创新点之一;将不同课程的重点内容纳入综合性实验与设计性实验,培养学生独立工作的能力与综合运用知识的能力,体现了"传承有特色,创新有基础,服务有能力"的人才培养要求,这是本套教材改革创新点之二;在专业课实验实训中设置了企业生产流程、在基础课中设置了科学研究案例,注重课堂教学与生产、科研相结合,提高人才培养质量,改变了以往学校学习与实际应用脱节的现象,这是本套教材改革创新点之三;注重培养学生综合素质,结合每门课程的特点,将实验实训中的应急处置纳入教材内容之中,提高学生的专业安全知识水平与应用能力,将实验实训后的清理工作与废弃物的处理列入章节,增强学生的责任意识与环保意识,这是本套教材改革创新点之四。

　　该系列实验教材,经过3年的使用,反响很好,解决了以往教与学的关键问题,同时也发现有些实验需进一步规范化、有些实验内容需进一步优化。在此基础上,我们开展了对纸质教材配套视频的摄制工作。将纸质教材与教学视频相结合,将更有利于突出实验的可视性,使不同学校充分利用这一教学资源,提高教学质量,这是本教材的又一特点。

　　教学改革是一项长期的任务,尤其是实验实训教学,更需要在实践中不断探索。对本套教材编写中可能存在的缺点与不足,恳请各位读者在使用过程中提出宝贵意见和建议,以期不断完善。

张大方

2019 年 2 月

前　言

　　化学是一门实践性很强的学科,实验教学在化学教学中占有十分重要的地位。为了加强实验教学,强化培养以能力为本位的教育理念,提升实验教学水平,促进实验技能发展,编者依据药学、中药学专业学生的培养目标和要求,结合药学专业和化学专业的教学计划与教学大纲,编写了这本《基础化学实验操作技术》。本教材为"全国药学、中药学类专业实验实训数字化课程建设"项目之一。可供中药学、药学、制药等专业的学生使用,并可作为化学专业学生和相关实验工作人员的参考书籍。

　　本实验教材以基本技能和基本方法为主线,突出规范化操作,注重实践、实训和安全操作,强调课堂实验与生产实际相结合、实验教学与实训教学相结合,突出对学生动手能力、创新能力和规范实验技能的培养,使教学更加"接地气",便于学生学以致用。

　　本教材在编写中打破了传统四大化学实验自成一体的壁垒,按照职业岗位的工作要求,对实训内容精简、优化。在化学实验基础知识、化学实验基本操作技术的基础上,开设了基础性实验项目,并根据专业需要精选应用实训项目,设置了综合性实验和设计性实验。实验内容覆盖了无机化学、分析化学、有机化学等,涉及工农业生产、医药卫生、食品科学、日常生活等,可供不同专业选用。

　　本教材增加了相关视频,同时把"互联网＋"技术与移动数字媒体相结合,通过数字教材与纸质教材相结合实现教学立体化,更有利于学生对实际操作过程的理解和掌握。

　　本教材的编写得到了北京科学技术出版社的大力支持和各位编者的积极配合,在此表示衷心感谢。

　　由于水平有限,疏漏之处在所难免。希望广大师生在使用过程中提出宝贵意见,以便进一步修订和完善。

编　者

2019 年 2 月

目　录

第一章　化学实验基础知识 ··· （1）

　第一节　实验室工作要求 ··· （1）

　第二节　实验室安全常识 ··· （2）

　第三节　实验室常见事故的处理 ··· （4）

　第四节　化学试剂 ·· （10）

　第五节　化学实验常用的仪器设备 ·· （12）

　第六节　实验记录和实验报告 ·· （21）

第二章　化学实验基本操作技术 ··· （23）

　第一节　玻璃仪器的洗涤、干燥和存放 ·· （23）

　第二节　化学试剂的取用 ·· （26）

　第三节　试管实验基本操作技术 ·· （28）

　第四节　物质的加热与冷却 ·· （29）

　第五节　物质的分离与提纯 ·· （33）

　第六节　称量 ··· （40）

第三章　基础性实验 ·· （45）

　实验一　天平称量练习 ·· （45）

　实验二　滴定分析仪器和基本操作 ·· （47）

　实验三　溶液的配制 ·· （53）

　实验四　粗盐的提纯 ·· （54）

　实验五　萃取 ··· （56）

　实验六　重量分析仪器基本操作实验 ·· （58）

第四章　综合性实验 ·· （65）

　实验七　电解质溶液的性质 ·· （65）

　实验八　缓冲溶液的配制和性质 ·· （67）

　实验九　醋酸解离度和解离常数的测定 ·· （70）

　实验十　沉淀-溶解平衡 ··· （72）

　实验十一　氯化钡结晶水含量的测定 ·· （73）

　实验十二　配合物的生成及性质 ·· （75）

　实验十三　氧化还原反应 ·· （78）

　实验十四　盐酸标准溶液的配制与标定 ·· （80）

　实验十五　氢氧化钠标准溶液的配制与标定 ······································ （82）

实验十六　食醋总酸度的测定 ……………………………………………………（83）

实验十七　混合碱的分析 ……………………………………………………………（85）

实验十八　药用硼砂含量的测定 ……………………………………………………（87）

实验十九　硝酸银标准溶液的配制与标定 …………………………………………（89）

实验二十　生理盐水中氯化钠含量的测定 …………………………………………（90）

实验二十一　EDTA 标准溶液的配制与标定 ………………………………………（92）

实验二十二　自来水总硬度的测定 …………………………………………………（94）

实验二十三　高锰酸钾标准溶液的配制与标定 ……………………………………（96）

实验二十四　消毒液中过氧化氢含量的测定 ………………………………………（97）

实验二十五　$Na_2S_2O_3$ 标准溶液的配制与标定 ……………………………………（99）

实验二十六　碘盐中碘含量的测定 …………………………………………………（101）

实验二十七　熔点的测定 ……………………………………………………………（103）

实验二十八　常压蒸馏和沸点的测定 ………………………………………………（106）

实验二十九　旋光度的测定 …………………………………………………………（108）

实验三十　醇、酚、醚的化学性质 …………………………………………………（110）

实验三十一　醛、酮的化学性质 ……………………………………………………（112）

实验三十二　羧酸和取代羧酸的化学性质 …………………………………………（113）

实验三十三　糖的化学性质 …………………………………………………………（115）

实验三十四　乙酰苯胺的制备 ………………………………………………………（117）

实验三十五　乙酸乙酯的制备 ………………………………………………………（118）

第五章　设计性实验 …………………………………………………………………（121）

实验三十六　自来水中氯含量的测定 ………………………………………………（121）

实验三十七　补钙制剂中钙含量的测定 ……………………………………………（123）

实验三十八　维生素 C 含量的测定 …………………………………………………（124）

实验三十九　呋喃甲醇和呋喃甲酸的制备 …………………………………………（126）

实验四十　茶叶中生物碱的提取 ……………………………………………………（129）

实验四十一　阿司匹林（乙酰水杨酸）的制备及含量测定 ………………………（131）

参考文献 ………………………………………………………………………………（134）

附录 ……………………………………………………………………………………（135）

附录一　相对原子质量 ………………………………………………………………（135）

附录二　常见化合物的相对分子质量 ………………………………………………（136）

附录三　常见基准物的干燥条件及标定对象 ………………………………………（137）

附录四　常见酸碱溶液的浓度、含量及密度 ………………………………………（137）

附录五　常用缓冲溶液的配制 ………………………………………………………（138）

附录六　常用指示剂的配制 …………………………………………………………（139）

附录七　基本实验操作考核方法与评分标准 ………………………………………（139）

第一章 化学实验基础知识

第一节　实验室工作要求

基础化学实验是化学教学中不可缺少的重要环节，能培养学生独立操作、观察记录、分析归纳、撰写报告等多方面的能力。基础化学实验可以使课堂讲授的基础知识和基本理论得到验证、巩固、充实和提高，同时培养了学生的科学工作态度和逻辑思维方法，养成良好的科学实验习惯。

实验室工作守则

（1）实验前认真预习，明确实验目的和要求，了解操作步骤、操作方法和注意事项，做好预习报告。

（2）进入实验室应穿着实验服，禁止穿拖鞋、高跟鞋、背心、短裤（裙）或披发，禁止大声喧哗、吸烟、玩手机和进食。

（3）实验前，先了解药品特性、仪器设备的使用方法，并清点仪器设备，如发现缺损，应立即报告教师（或实验室工作人员），并按规定手续补领。实验中如有仪器破损，应及时报告并按规定手续换取新仪器。

（4）实验时，严格按照教材实验方法、步骤和试剂用量进行实验操作，仔细观察各种现象，并如实、详细地记录在实验报告中。

（5）实验时，严格遵守实验室纪律，注意安全，爱护仪器，节约药品，节约水电。如发生意外事故，保持冷静，按事故处理规则及时处理和报告。

（6）实验时，应保持实验室和桌面清洁整齐，废纸、火柴梗和废液等应倒在废物缸内，有毒废物倒入指定地点或容器，严禁倒入水槽内，以防水槽淤塞和腐蚀。

（7）实验时，药品应按规定量取用，如果书中未规定用量，应注意节约，尽量少用。药品取出后，不应倒回原瓶中；试剂瓶用过后应立即盖上塞子，并放回原处；教材中规定需回收的药品，应倒入回收瓶中。

（8）实验时，精密仪器必须严格按照操作规程进行操作，细心谨慎，如发现仪器有故障，应立即停止使用并报告指导教师，及时排除故障。

（9）实验结束，应将仪器洗刷干净，放回规定的位置，整理好桌面，擦净实验台，打扫地面并检查水电。实验室内一切物品（仪器药品和产物等）不得带出实验室。

（10）实验后，按要求和格式书写实验报告，据实填写实验现象、实验数据和实验结果，并按时交给指导教师审阅。

第二节 实验室安全常识

一、实验室常见危化品

实验室事故很多源于室内易燃易爆、有毒、有腐蚀性等危化品,实验室常见的危化品如下。

1. 爆炸品 具有猛烈的爆炸性,当受到高热摩擦、撞击、震动等外来因素的作用或与其他性质相抵触的物质接触,就会发生剧烈的化学反应,产生大量的气体和热量,引起爆炸。例如,三硝基甲苯(TNT)、苦味酸、硝酸铵、叠氮化物、雷酸盐及其他超过3个硝基的有机化合物等。

2. 氧化剂 具有强烈的氧化性,按其不同的性质遇酸、碱、受潮、强热或与易燃物、有机物、还原剂等性质相抵触的物质混存能发生分解,引起燃烧和爆炸。例如,碱金属和碱土金属的氯酸盐、硝酸盐、过氧化物、高氯酸及其盐、高锰酸盐、重铬酸盐、亚硝酸盐等。

3. 压缩气体和液化气体 气体压缩后贮于耐压钢瓶内,都具有危险性。钢瓶如果在太阳下暴晒或受热,当瓶内压力升高至大于容器耐压限度时,即能引起爆炸。钢瓶内气体按性质分为4类。

(1)剧毒气体,如液氯、液氨等。

(2)易燃气体,如乙炔、氢气等。

(3)助燃气体,如氧等。

(4)不燃气体,如氮、氩、氦等。

4. 自燃物品 此类物质暴露在空气中,依靠自身的分解、氧化产生热量,使其温度升高到自燃点即能发生燃烧。如白磷等。

5. 遇水燃烧物品 遇水或在潮湿空气中能迅速分解,产生高热,并放出易燃易爆气体,从而燃烧或爆炸。如金属钾、钠、电石等。

6. 易燃液体 这类液体极易挥发成气体,遇明火即燃烧。可燃液体以闪点作为评定液体火灾危险性的主要根据,闪点越低,危险性越大。闪点在 $45℃$ 以下的称为易燃液体,$45℃$ 以上的称为可燃液体(可燃液体不纳入危化品管理)。易燃液体根据其危险程度分为一级和二级。

(1)一级易燃液体闪点在 $28℃$ 以下(包括 $28℃$)。如乙醚、石油醚、汽油、甲醇、乙醇、苯、甲苯、乙酸乙酯、丙酮、二硫化碳、硝基苯等。

(2)二级易燃液体闪点在 $29\sim45℃$(包括 $45℃$)。如煤油等。

7. 易燃固体 此类物品着火点低,如受热、遇火星、受撞击、摩擦或与氧化剂作用等能引起急剧的燃烧或爆炸,同时放出大量毒害气体。如赤磷、硫黄、萘、硝化纤维素等。

8. 毒害品 具有强烈的毒害性,少量进入人体或接触皮肤即能造成中毒甚至死亡。例如,汞和汞盐(升汞、硝酸汞等)、砷和砷化物(三氧化二砷,即砒霜)、磷和磷化物(黄磷,即白磷,误食 $0.1\ g$ 黄磷即能致死)、铅和铅盐(一氧化铅等)、氢氰酸和氰化物(HCN、$NaCN$、KCN)以及氟化钠、四氯化碳、三氯甲烷等。有毒气体,如醛类、氨气、氢氟酸、二氧化硫、三氧化硫和铬酸等。

9. 腐蚀性物品 具强腐蚀性,与人体接触能引起化学烧伤。有的腐蚀物品有双重性和多重性。如苯酚既有腐蚀性还有毒性和燃烧性。腐蚀性物品有硫酸、盐酸、硝酸、氢氟酸、冰乙酸、甲酸、氢氧化钠、氢氧化钾、氨水、甲醛、液溴等。

10. **致癌物质**　如多环芳香烃类、3，4-苯并芘、1，2-苯并蒽、亚硝胺类、氮芥烷化剂、α-萘胺、β-萘胺、联苯胺、芳胺以及一些无机元素 As、Cl、Be 等都有较明显的致癌作用，要谨防侵入体内。

11. **诱变性物品**　如溴化乙啶(EB)，具强诱变致癌性，使用时一定要戴一次性手套，注意操作规范，不要随便触摸别的物品。

12. **放射性物品**　具有放射性，人体受到过量照射或吸入放射性粉尘能引起放射病。如硝酸钍及放射性矿物独居石等。

二、实验室安全守则

基础化学实验会接触许多化学试剂和仪器，其中包括一些有毒、易燃、易爆、有腐蚀性的试剂，以及玻璃器皿、电气设备、加压和真空器具等，实验时必须严格执行必要的安全守则。

（1）实验室内严禁吸烟、饮食、打闹。

（2）水、电、气使用完毕应立即关闭。

（3）洗液、浓酸、浓碱具有强腐蚀性，应避免溅落在皮肤、衣物、书本上，更应防止溅入眼睛里。

（4）注意安全操作，具体要求如下。

1）能产生有刺激性或有毒气体的实验，都应在通风橱内进行。

2）具有易挥发和易燃物质的实验，都应在远离火源的地方进行，最好在通风橱内进行。

3）加热试管时，不要将试管口对着自己或别人，也不要俯视正在加热的液体，以免液体溅出造成伤害。

4）不允许用手直接取用固体药品；嗅闻气体时，应用手轻拂气体，把少量气体扇向自己再闻。

5）严禁向水槽内投放固体物质以及酸、碱、有机溶剂等物质，以防堵塞和腐蚀管道、污染环境。有毒、有害废液应倾倒入专门的回收容器中。有毒试剂（如氰化物、汞盐、钡盐、铅盐、重铬酸钾等）不得放入口内或接触伤口，应回收统一处理。

6）禁止任意混合各种试剂药品，以免发生意外事故。强氧化剂（如氯酸钾、高氯酸等）及其混合物（如氯酸钾与红磷、碳、硫等混合物），不能研磨，否则易发生爆炸。

7）稀释浓硫酸时，应将浓硫酸慢慢注入水中，并不断搅拌。切勿将水倒入浓硫酸中，以免溅出，造成灼伤。

8）不得在加热过程中随意离开加热装置，以免被加热物质激烈反应或溶液被烧干而引起事故。不要用潮湿的手接触电器，以免触电。

9）氢气、甲烷点燃前，必须先检查其纯度，以确保安全。银氨溶液因久置后易爆炸，不能长时间保存。

10）金属汞易挥发，吸入体内易引起慢性中毒。一旦有汞洒落，须尽可能收集起来，并用硫黄粉覆盖在洒落过的地方。

（5）实验室所有药品、仪器不得带出室外。

（6）实验完毕，应将实验桌面整理干净，洗净双手，关闭水、电、气等。

第三节　实验室常见事故的处理

一、实验室事故类型

（一）火灾性事故

火灾性事故的发生具有普遍性，几乎所有的实验室都可能发生。酿成这类事故的直接原因如下。

（1）忘记关电源，致使设备或用电器具通电时间过长，温度过高，导致着火。

（2）供电线路老化、超负荷运行，导致线路发热，导致着火。

（3）易燃易爆物品操作不慎或保管不当，使火源接触易燃物质，导致着火。

（4）乱扔烟头，接触易燃物质，导致着火。

（二）爆炸性事故

爆炸性事故多发生在具有易燃、易爆物品和压力容器的实验室，酿成这类事故的直接原因如下。

（1）违反操作规程使用设备、压力容器（如高压气瓶）而导致爆炸。

（2）设备老化，存在故障或缺陷，造成易燃、易爆物品泄漏，遇火花而引起爆炸。

（3）易燃、易爆物品处理不当，导致燃烧爆炸；该类物品（如三硝基甲苯、硝酸铵等）受到高热摩擦、撞击、震动等外部因素的作用或其他性质相抵触的物质接触，就会发生剧烈的化学反应，产生大量的气体和高热，引起爆炸。

（4）强氧化剂与性质有抵触的物质混存能发生分解，引起燃烧和爆炸。

（三）毒害性事故

毒害性事故多发生在具有化学药品和剧毒物质的实验室和具有毒气排放的实验室。酿成这类事故的直接原因如下。

（1）将食物带进有毒物的实验室，造成误食中毒。

（2）设备设施老化，存在故障或缺陷，造成有毒物质泄漏或有毒气体排放不出，酿成中毒。

（3）管理不善、操作不慎或违规操作，实验后有毒物质处理不当，造成有毒物品散落流失，引起人员中毒、环境污染。

（4）废水排放管路受阻或失修改道，造成有毒废水未经处理而流出，引起环境污染。

（四）设备损坏性事故

设备损坏性事故多发生在用电加热的实验室，事故表现和直接原因多是线路故障或雷击造成突然停电，致使被加热的介质不能按要求恢复到原来状态，造成设备损坏。

（五）机电伤人性事故

机电伤人性事故多发生在有高速旋转或冲击运动的实验室，或要带电作业的实验室和一些有高温产生的实验室。事故表现和直接原因如下。

（1）操作不当或缺少防护，造成挤压、甩脱和碰撞伤人。

（2）违反操作规程或因设备设施老化而存在故障和缺陷，造成漏电、触电和电弧火花伤人。

（3）使用不当造成高温气体、液体对人员的伤害。

二、实验室常见废液处理

(一)实验室废液的分类及毒性

1. **废液的分类**　化学实验室废液根据其所含主要污染物性质,可以分为无机废液和有机废液两大类。无机废液主要含重金属、重金属配合物、酸碱、氰化物、硫化物、卤素离子以及其他无机离子等。有机废液含常用的有机溶剂、有机酸、醚类、多氯联苯、有机磷化合物、酚类、石油类、油脂类物质等。按照废液中所含污染物的主要成分来分类,可以分为含重金属废液、含氰废液、含酚废液、酸性废液、碱性废液、卤素类废液等。

2. **废液的毒性**　化学实验室废液毒性很大,如含亚硝酸盐、环氧氯丙烷等能引起人体产生癌变;含有机溶剂如二甲苯、氯仿等能破坏人体免疫系统造成人体功能失调。废液中含酸、碱若不加任何处理就直接排入下水道,日积月累必然对水体造成严重危害。酸性废液对输水金属管道产生腐蚀作用,同时,由于铁离子溶于水中改变了水的成分,饮用污染的水能造成腹泻。有机废液危害更严重,如饮用吡啶、氯仿污染的水会破坏人体神经中枢造成免疫系统能力下降甚至引起功能失调,导致死亡。有机污染物排入水体后可引起两种效应:一是生态效应,引起生物在种类和数量上的变化;二是溶解氧效应,造成水质的恶化,从而危及水生生物的生长、繁殖,甚至导致水生生物死亡及物种的灭绝。

实验室废液危害严重,所以应对实验室废液进行收集和分类管理。

(二)废液的处理

1. **废液的收集和管理**　各实验室可根据废液的化学特性将废液分类贮存在统一规定的密闭容器中,然后定期收集起来,统一进行处理。实验室盛装废液的容器应不易破损、变形、老化,并能防止渗漏、扩散。废液盛装容器必须贴有标签标明废液的名称、重量、成分、时间等。由于实验室废液之间有可能相互发生化学反应产生新的有害物质及其他事故,所以在操作过程中要严格做到以下几个方面:①要统一使用一定规格的贮存容器;②贮存容器必须洁净以免交叉反应引起污染;③废液严禁混合存放,以免发生剧烈化学反应而造成事故,例如,高锰酸钾废液中严禁混入硫酸,有机废液中严禁混入高氯酸钾溶液,氰化物废液中严禁混入酸,含铬酸的废液里严禁混入有机废液等;④废液应使用有塞容器盛装以防止挥发性气体逸出;⑤废液的贮存应避光、远离火源、水源;⑥有固定场所存放,不能随意搬动;⑦收集者应记录各实验室收集的废液种类、数量、时间;⑧处理后确认安全,达标后才能排放沉渣,可远离水源深埋地下。

不同的废液,污染物成分不同,处理方法也不相同。实验室废液的处理应本着分类收集、就地、及时地原位处理,简易操作,以废治废和降低成本的原则。

2. **实验室废液的处理方法**

(1)无机废液的处理。

1)酸性废液和碱性废液一般采用中和法处理。将酸性废液与碱性废液中和使其pH达到6~9;采用投药中和法处理。酸性废液常用中和剂为工业用纯碱、烧碱、氨水、碳酸钙;碱性废液常用中和剂为工业用硫酸、盐酸或硝酸。

2)含砷废液的处理。在含砷废液中加入生石灰,调节并控制pH在8左右,即可生成砷酸钙和亚砷酸钙沉淀,待沉淀分离后,滤液即可直接排入下水道。

3)含汞废液的处理方法。化学凝聚沉淀法:先用NaOH把废液pH调至8~10,加入过量的硫化铁,使其生成硫化汞沉淀,再加入一定量的硫酸亚铁作絮凝剂,吸附在水中难以沉淀的硫化汞微粒而共同沉淀,然后静置,分离经过滤后,清液可排入下水道。少量残渣可埋于地下,大量残渣可用焙烧法回收汞。

4)含重金属离子的废液。加碱或加 Na_2S 把重金属离子变成难溶性的氢氧化物或硫化物而沉积下来,从而过滤分离,少量残渣可埋于地下。

（2）有机废液的处理方法。实验用过的有机溶剂有些可以回收。回收有机溶剂通常先在分液漏斗中洗涤,将洗涤后的有机溶剂进行蒸馏或分馏处理加以精制、纯化。整个回收过程应在通风橱内进行。对于不能回收的有机废液要按照其性质分别采用焚烧法、溶剂萃取法、吸附法、氧化分解法、水解法、生物化学处理法处理。

1)含芳香烃和氯代脂肪烃的废液。苯、甲苯、二甲苯等废液,用蒸馏法可将其回收。活性炭可除去少量的苯、甲苯、二甲苯等。苯因其含碳较多,燃烧时浓烟中夹有炭黑颗粒,应在燃烧炉通入充足的空气。甲苯、二甲苯、苯乙烯、苯乙酮等可被酸性高锰酸钾溶液氧化成苯甲酸,也可被芬顿（Fenton）试剂氧化。氯代脂肪烃废液如三氯甲烷、四氯化碳、2-氯-2-甲基丙烷等可被高锰酸钾氧化,降低其毒性。三氯甲烷应避免与 H_2O_2 接触产生有毒的光气。

2)含醛类的废液。对低沸点、挥发性强的醛类或酮类的废液,可用蒸馏法回收利用。活性炭能吸附除去少量的醛类。含甲醛废液能被 H_2O_2 氧化生成 H_2、H_2O、甲酸,反应温和而缓慢。如在甲醛废液中加入石灰乳或 $NaOH$ 溶液碱性催化,H_2O_2 的用量可减至原来的 1/3,只需 30 分钟即可将废液中的甲醛全部清除。次氯酸钠也可将甲醛氧化为 CO_2。乙醛与不饱和低分子量的醛废液可用少量石灰处理,使之成为无毒的多元醇的衍生物如己糖等。

3)含氮有机化合物的废液。高浓度含芳胺的废液可用萃取法处理,萃取液中的芳胺可用强酸回收,同时萃取溶剂得到再生。不溶于水、挥发性芳胺废液也可用水蒸气蒸馏法回收。沸点较低的硝基化合物和脂肪胺类可采用蒸馏法或萃取法回收。含胺类的废液加入甲醛能快速生成固体缩合物。芬顿试剂可氧化苯胺类化合物的废液。对于硝基苯、偶氮化合物、羟基苯胺等可用 $FeSO_4$,在碱性条件下生成的 $Fe(OH)_2$ 快速有效地还原成苯胺类化合物,$FeSO_4$ 用 H_2SO_4 调至 pH＝5 形成 $Fe(OH)_3$,可进一步将苯胺类化合物氧化成溶解度很小的醌式结构化合物,然后被 $Fe(OH)_3$ 混凝吸附除去。

4)含汞、砷、铅、硫的有机废液。有机汞废液与 H_2SO_4 一起加热到 100℃ 时,有机汞转化为无机汞形成硫酸汞,然后在 100℃ 时用 $Na_2S_2O_3$ 处理,使硫酸汞成为硫化汞而除去。有机汞也可用氧化剂（如氯）将其氧化成无机汞再用硫化物沉淀。有机砷、铅废液可用活性炭吸附法处理。含硫的有毒有机物能被 H_2O_2 氧化成硫酸盐。

化学废液的处理需要注意:根据废液的组成不同,在处理过程中,往往伴随有毒气体生成以及发热、爆炸等危险,因此,处理前必须充分了解废液的性质,然后分别加入少量所需添加的药品,必须边观察边操作。

三、实验室常见事故处理

（一）火灾事故的预防和处理

1. 火灾事故的预防　在使用苯、乙醇、乙醚、丙酮等易挥发、易燃烧的有机溶剂时如操作不慎,易引起火灾事故。为了防止事故发生,必须随时注意以下几点。

（1）防火的基本原则是使火源与有机溶剂尽可能离得远些,尽量不用明火直接加热。盛有易燃有机溶剂的容器不得靠近火源。数量较多的易燃有机溶剂应放在危险药品橱内,而不存放在实验室内。

（2）使用易燃、易爆气体时要保持室内空气畅通，严禁明火，并应防止一切火星的发生，如由于敲击、鞋钉摩擦、静电摩擦、电器开关等所产生的火花。不要把未熄灭的火柴梗乱丢。

（3）回流或蒸馏液体时应放沸石，以防溶液因过热暴沸而冲出。若在加热后发现未放沸石，则应停止加热，待稍冷后再放。否则在过热溶液中放入沸石会导致液体突然沸腾，冲出瓶外而引起火灾。不要用火焰直接加热烧瓶，而应根据液体沸点高低使用石棉网、油浴、水浴或电热套。冷凝水要保持畅通，若冷凝管忘记通水，大量蒸气来不及冷凝而逸出，也易造成火灾。在反应中添加或转移易燃有机溶剂时，应暂时熄火或远离火源。切勿用敞口容器存放、加热或蒸除有机溶剂。因事离开实验室时，一定要关闭自来水和热源。

2. 火灾事故的处理　实验中一旦发生了火灾切不可惊慌失措，应保持镇静。首先立即切断室内一切火源和电源，然后根据具体情况正确地进行抢救和灭火。常用的方法有如下。

（1）在可燃液体燃着时，应立即拿开着火区域内的一切可燃物质，关闭通风器，防止燃烧加剧。

（2）乙醇及其他可溶于水的液体着火时，可用水灭火。

（3）汽油、乙醚、甲苯等有机溶剂着火时，应用石棉布或干沙扑灭。绝对不能用水，否则会扩大燃烧面积。

（4）金属钾、钠或锂着火时，绝对不能用水、泡沫灭火器、二氧化碳、四氯化碳等灭火，可用干沙、石墨粉扑灭。

（5）注意电器设备导线等着火时，不能用水及二氧化碳灭火器（泡沫灭火器），以免触电。应先切断电源，再用二氧化碳或四氯化碳灭火器灭火。

（6）衣服着火时，千万不要奔跑，应立即用石棉布或厚外衣盖熄，或者迅速脱下衣服，火势较大时，应卧地打滚以扑灭火焰。

（7）发现烘箱有异味或冒烟时，应迅速切断电源，使其慢慢降温，并准备好灭火器备用。千万不要急于打开烘箱门，以免突然供入空气助燃（爆），引起火灾。

（8）发生火灾时应注意保护现场。较大的着火事故应立即报警。若有伤势较重者，应立即送医院。

（9）熟悉实验室内灭火器材的位置和灭火器的使用方法。

手提式干粉灭火器使用方法：①先撕掉小铅块，拔出保险销；②再用一手压下压把后提起灭火器；③另一手握住喷嘴，将干粉射流喷向燃烧区火焰根部即可（图1-3-1）。

（二）爆炸事故的预防与处理

（1）煤气开关应经常检查，并保持完好。煤气灯及其橡皮管在使用时亦应仔细检查。发现漏气应立即熄灭火源，打开窗户，用肥皂水检查漏气处。若不能自行解决时，应及时报告指导老师，马上抢修。

（2）常压操作时，应使全套装置有一定的地方通向大气，切勿造成密闭体系（实验开始前应检查仪器是否完整无损，装置是否正确稳妥。蒸馏、回流和加热用仪器，一定要和大气接通或与大气相接处套一气球）。减压蒸馏时，要用圆底烧瓶或吸滤瓶作为接收器，不可用锥形瓶，否则可能会发生炸裂。加压操作时（如高压釜），要有一定的防护措施，并应经常注意釜内压力有无超过安全负荷。

（3）有些有机化合物遇氧化剂时会发生猛烈爆炸或燃烧，操作时应特别小心。存放药品时，应将氯酸钾、过氧化物、浓硝酸等强氧化剂和有机药品分开存放。

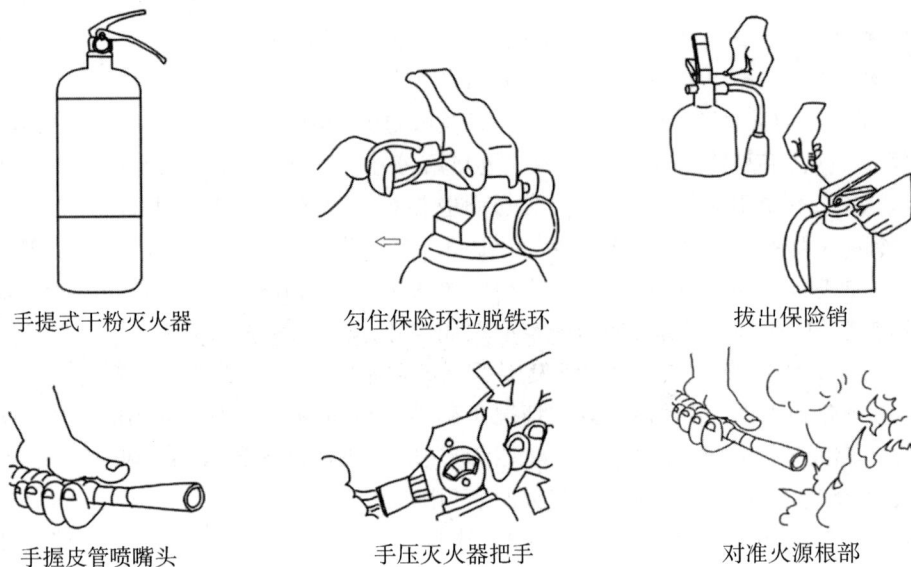

手提式干粉灭火器　　　勾住保险环拉脱铁环　　　拔出保险销

手握皮管喷嘴头　　　手压灭火器把手　　　对准火源根部

图 1-3-1　手提式干粉灭火器使用方法

（4）开启贮有挥发性液体的瓶塞时，必须先充分冷却，然后开启，开启时瓶口必须指向无人处，以免由于液体喷溅而导致伤害。如遇瓶塞不易开启时，必须注意瓶内贮物的性质，切不可贸然用火加热或乱敲瓶塞等。

（5）某些化合物容易爆炸。如有机化合物中的过氧化物、芳香族多硝基化合物和硝酸酯、干燥的重氮盐、叠氮化物、重金属的炔化物等，均是易爆物品，在使用和操作时须严格遵守操作规程，防止蒸干溶剂或震动。含过氧化物的乙醚蒸馏时，有爆炸的危险，事先必须除去过氧化物。若有过氧化物，可加入硫酸亚铁的酸性溶液予以除去。芳香族多硝基化合物不宜在烘箱内干燥。乙醇和浓硝酸混合在一起，会引起极强烈的爆炸；有些有机化合物如醚或共轭烯烃，久置后会生成易爆炸的过氧化物，须特殊处理后才能应用。

（6）氢气、乙炔、环氧乙烷等气体与空气混合达到一定比例时，会生成爆炸性混合物，遇明火即会爆炸。因此，使用上述物质时必须严禁明火。

（7）对于放热量很大的合成反应，要小心地慢慢滴加物料，并注意冷却，同时要防止因滴液漏斗的活塞漏液而造成的爆炸事故。

（三）中毒事故的预防与处理

1. 中毒事故的预防　实验中的许多试剂都是有毒的。有毒物质往往通过呼吸吸入、皮肤渗入、误食等方式导致中毒。预防中毒的方法如下。

（1）实验中应避免用手直接接触化学药品，尤其严禁用手直接接触剧毒品。沾在皮肤上的有机物应当立即用大量清水和肥皂洗去，切莫用有机溶剂清洗，否则只会增加化学药品渗入皮肤的速度。当使用有毒药品时，应认真操作，妥为保管，不许乱放，做到用多少，领多少。实验中所用的剧毒物质应有专人负责收发，使用者必须遵守相关操作规程。实验后的有毒残渣，必须做妥善而有效的处理，不准乱丢。

（2）有些有毒物质会渗入皮肤，因此在接触固体或液体有毒物质时，必须戴橡皮手套，操作后立即洗手。切勿让毒品沾及五官或伤口。例如，氰化物沾及伤口后会随血液循环至全身，严重者会造成中毒死亡事故。

（3）在反应过程中可能生成有毒或有腐蚀性气体的实验（如 H_2S、NO_2、Cl_2、Br_2、CO、SO_2、SO_3、HCl、HF、浓硝酸、发烟硫酸、浓盐酸、乙酰氯等）必须在通风橱中进行。在使用通风橱时，当实验开始后，不要把头伸入橱内，并保持实验室通风良好。

实验装有毒物质的器皿要贴标签注明，用后及时清洗，经常使用有毒物质实验的操作台及水槽要注明，实验后的有毒残渣必须按照实验室规定进行处理，不准乱丢。

（4）溅落在桌面或地面的有机物应及时除去。如不慎损坏水银温度计，洒落在地上的水银应尽量收集起来，并用硫黄粉盖在水银洒落的地方。

2. 中毒事故的处理　操作有毒物质实验中若有咽喉灼痛、嘴唇脱色或发绀，胃部痉挛或恶心呕吐、心悸、头晕等症状时，可能系中毒所致。视中毒原因施以下述急救后，立即送医院治疗，不得延误。

（1）固体或液体毒物中毒。有毒物质尚在嘴里的立即吐掉，用大量水漱口。误食碱者，先饮大量水再喝些牛奶。误食酸者，先喝水，再服 $Mg(OH)_2$ 乳剂，最后饮些牛奶。不要用催吐药，也不要服用碳酸盐或碳酸氢盐。重金属盐中毒者，喝一杯含有几克 $MgSO_4$ 的水溶液，立即就医。不要服催吐药，以免引起危险或使病情复杂化。砷和汞化物中毒者，必须紧急就医。

（2）吸入气体或蒸气中毒。立即转移至室外，解开衣领和纽扣，呼吸新鲜空气。对休克者应施以人工呼吸，但不要用口对口法。立即送医院急救。

（四）实验室触电事故的预防与处理

实验中常使用电炉、电热套、电动搅拌机等，使用电器时，应防止人体与电器导电部分直接接触及石棉网金属丝与电炉电阻丝接触；不能用湿的手或手握湿的物体接触电插头；电热套内严禁滴入水等溶剂，以防止电器短路。

为了防止触电，装置和设备的金属外壳等应连接地线，实验后应先关仪器开关，再将连接电源的插头拔下。

检查电器设备是否漏电应该用试电笔，凡是漏电的仪器，一律不能使用。

触电时的急救方法：①关闭电源；②用干木棍使导线与触电者分开；③使触电者和地面分离，急救时急救者必须做好防触电的安全措施，手或脚必须绝缘。必要时进行人工呼吸并送医院救治。

（五）实验室其他事故的急救知识

1. 玻璃割伤　一般轻伤应及时挤出污血，并用消过毒的镊子取出玻璃碎片，用蒸馏水洗净伤口，涂上碘酒，再用创可贴或绷带包扎；大伤口应立即用绷带扎紧伤口上部，使伤口停止流血，急送医院就诊。

2. 烫伤　被火焰、蒸气、红热的玻璃、铁器等烫伤时，应立即将伤口处用大量水冲洗或浸泡，从而迅速降温避免烧伤。若起水疱则不宜挑破，应用纱布包扎后送医院治疗。对轻微烫伤，可在伤处涂些鱼肝油或烫伤油膏或万花油后包扎。若皮肤起泡（二级灼伤），不要弄破水疱，防止感染。若伤处皮肤呈棕色或黑色（三级灼伤），应用干燥、无菌的消毒纱布轻轻包扎好，急送医院治疗。

3. 被酸、碱或酚液灼伤

（1）皮肤被酸灼伤要立即用大量流动清水冲洗（皮肤被浓硫酸沾污时切忌先用水冲洗，以免硫酸水合时强烈放热而加重伤势,应先用干抹布吸去浓硫酸,然后再用清水冲洗),彻底冲洗后可用2%～5%的碳酸氢钠溶液或肥皂水进行中和,最后用水冲洗,涂上药品如凡士林。

(2)碱液灼伤要立即用大量流动清水冲洗,再用2%醋酸或3%硼酸溶液进一步冲洗,最后用水冲洗,再涂上凡士林。

(3)酚灼伤时立即用30%乙醇揩洗数遍,再用大量清水冲洗干净而后用硫酸钠饱和溶液湿敷4～6小时,由于酚用水冲淡1:1或2:1浓度时,瞬间可使皮肤损伤加重而增加酚吸收,故不可先用水冲洗污染面。

受上述灼伤后,若创面起水疱,均不宜把水疱挑破。重伤者经初步处理后,急送医务室。

4. 酸液、碱液或其他异物溅入眼中

(1)酸液溅入眼中,立即用大量水冲洗,再用1%碳酸氢钠溶液冲洗。

(2)若为碱液,立即用大量水冲洗,再用1%硼酸溶液冲洗。洗眼时要保持眼皮张开,可由他人帮助翻开眼睑,持续冲洗15分钟。重伤者经初步处理后立即送医院治疗。

(3)若木屑、尘粒等异物溅入眼中,可由他人翻开眼睑,用消毒棉签轻轻取出异物,或任其流泪,待异物排出后,再滴入几滴鱼肝油。玻璃屑进入眼睛内是比较危险的,这时要尽量保持平静,绝不可用手揉擦,也不要让别人翻眼睑,尽量不要转动眼球,可任其流泪,有时碎屑会随泪水流出。用纱布,轻轻包住眼睛后,立即将伤者急送医院处理。

5. 强酸或强碱中毒　对于强酸性腐蚀毒物,先饮大量的水,再服氢氧化铝膏、鸡蛋清;对于强碱性毒物,最好先饮大量的水,然后服用醋、酸果汁、鸡蛋清。不论酸或碱中毒都需灌注牛奶,不要吃呕吐剂。

6. 汞中毒　汞容易由呼吸道进入人体,也可以经皮肤直接吸收而引起积累性中毒。严重中毒的征象是口中有金属气味,呼出气体也有气味;流唾液,牙床及嘴唇上有硫化汞的黑色;淋巴结及唾液腺肿大。若不慎中毒时,应送医院急救。急性中毒时,通常用碳粉或呕吐剂彻底洗胃,或者食入蛋白(如1升牛奶加3个鸡蛋清)或蓖麻油解毒并使之呕吐。

(六)实验室急救箱

医药箱内一般有下列急救药品和器具。

(1)医用酒精、碘酒、红药水、紫药水、止血粉,凡士林、烫伤油膏(或万花油)、1%硼酸溶液或2%醋酸溶液、1%碳酸氢钠溶液等。

(2)医用镊子、剪刀、纱布、药棉、棉签、创可贴、绷带等。医药箱专供急救用,不允许随便挪动,平时不得动用其中器具。

第四节　化学试剂

一、化学试剂的级别

化学试剂(chemical reagent)是进行化学研究、成分分析的相对标准物质,广泛用于物质的合成、分离、定性和定量分析。我国生产的化学试剂按其纯度及杂质含量的多少一般可分为4个等级:优级纯、分析纯、化学纯和实验试剂。

1. 优级纯试剂　亦称保证试剂,为一级品。这种试剂纯度高(>99.98%),杂质极少,主要用于精密分析和科学研究,以GR表示,标签为绿色。

2. **分析纯试剂** 亦称分析试剂,为二级品,纯度略低于优级纯($>99.7\%$),杂质含量略高于优级纯,适用于重要分析和一般性研究工作,常以 AR 表示,标签为红色。

3. **化学纯试剂** 为三级品,纯度较分析纯低($>99.5\%$),但高于实验试剂,适用于一般性的化学实验,不能用于分析实验,以 CP 表示,标签为蓝色。

4. **实验试剂** 为四级品,纯度比化学纯低,但比工业品纯度高,适用于一般化学实验的辅助试剂,不能用于分析实验,以 LR 表示,标签为棕黄色。

另外,还有基准试剂和光谱纯试剂(表 1-4-1)。

表 1-4-1 化学试剂的等级和选用原则

等级	名称	英文名称	符号	适用范围	瓶签颜色
一级品	优级纯(保证试剂)	guaranteed reagents	GR	纯度很高,适用于精密分析工作和科学研究	绿色
二级品	分析纯(分析试剂)	analytical reagents	AR	纯度仅次于一级品,适用于多数分析工作和科学研究	红色
三级品	化学纯	chemical pure	CP	纯度较二级品差些,适用于一般分析工作及化学教学实验	蓝色
四级品	实验试剂	laboratorial reagents	LR	纯度较低,适用于一般要求不高的实验,可作辅助试剂	棕色或其他颜色
	基准试剂	primary reagent	PT	可直接配制标准溶液,专门作为基准物用	—

二、化学试剂的选用

要根据不同的工作要求合理选用不同类别和相应级别的试剂,一般原则如下。

(1)标定标准溶液用基准试剂。

(2)制备标准溶液可采用分析纯或化学纯试剂,但不经标定直接按称重计算浓度者,则采用基准试剂。

(3)制备杂质限度检查的标准溶液,采用优质纯或分析纯试剂。

(4)制备普通试液与缓冲溶液等可采用分析纯或化学纯试剂。

(5)一般化学制备等可采用化学纯或实验试剂。

1. **基准试剂** 基准试剂包括滴定分析标准溶液、滴定分析基准试剂和 pH 基准试剂。

滴定分析基准试剂主要用于滴定分析标准溶液的配制和标定;标准溶液是在单位体积内含有准确数量的物质的溶液,用分析纯以上试剂按标准要求的条件制备而得。主要用于化学试剂中杂质测定,也可用于其他行业。一般规定保存期为两个月,当出现浑浊、沉淀或颜色有变化等现象,应予重配。

pH 基准试剂用作酸度计的定位标准,可用于制备 pH 标准缓冲溶液。

2. **标准物质** 标准物质是指具有一种或多种足够均匀和很好地确定了特性的材料或物质,可以是纯物质、固体、液体、气体和水溶液。

标准物质分为一级标准物质和二级标准物质,一级标准物质主要用于标定比它低一级的标准物质和作为仲裁分析的定值、校准高准确度的计量仪器、研究与评定方法等。二级标准物质作为工作标准物质直接使用，用于现场方法的研究评价及日常分析测量。

3. 优级纯、分析纯、化学纯试剂　优级纯（一级品）：主成分含量很高、纯度很高，适用于痕量分析、仲裁分析、进出口商品检验和研究工作等，有的可作为基准物质。分析纯（二级品）：纯度略低于优级纯，杂质含量略高于优级纯，适用于化学分析和一般性研究工作。化学纯（三级品）：主成分含量高、纯度较高，存在干扰杂质，适用于化学实验和合成制备。

三、化学试剂的使用保管规则

（1）实训室内使用的化学试剂应有专人保管，分类存放（如酸碱试剂必须分开存放），并定期检查使用及保管情况。

（2）实训试剂在阴凉通风的试剂室保存，试剂室温度控制在 20～35℃，湿度控制在 80％以下。在实训室内保存的少量易燃易爆试剂要严格管理。

（3）易致毒试剂应由专人保管，使用时，至少有两人共同称量，登记用量。

（4）取用化学试剂的器皿应洗涤干净，分开使用。从瓶内倒出的化学试剂不准倒回原瓶，以免沾污。

（5）纯度不符合要求的试剂，必须提纯后使用。

（6）挥发性强的试剂必须在通风橱内取用。使用挥发性强的有机溶剂时，要注意避免明火，决不可用明火加热。

（7）配制各种试剂和标准溶液必须严格遵守操作规程，配完后立即贴上标签，以免拿错用错，不得使用过期试剂。

（8）所有存放化学试剂或化学品的容器，必须贴有标签，标明化学品的名称、浓度、配制日期及配制人。实训室内的化学药品用后必须盖好，并应及时放回适当的位置。放置时要注意将标签向外，以方便识别。使用试剂柜后应锁好试剂柜并归还钥匙。

（9）易燃溶剂应存放在化学品安全贮存柜或通风位置，远离燃烧器、加热板及电源。切勿将易燃物品贮存在冰箱内，应将其置于"防爆炸"或标明可储存易燃品的电冰箱或冷藏柜。

（10）使用化学品时请采用必要的安全设备，个人基本安全设备至少应包括实训服、护目镜以及安全手套。搬移化学品时，必须使用托盘或手推车辅助，以免容器爆裂导致化学品泄漏。

（11）实训室内的贮存柜及冷藏柜必须定期检查，并将不适用的化学品安全弃置。仅供存放实训室内的公用药品和试剂，禁止存放非药品与试剂。贮存在冰箱内的化学品须以密封容器盛载，再置于防漏托盘上。致癌及剧毒物质须存放于装有双重防漏装置的容器内。易反应的化学药品、试剂严禁放在一起，至少使用遮挡材料隔离。

（12）根据危险品条例，大量的危险品应贮存在危险品仓库内。只有少量实训用的化学品可以存放在实训室内。化学品贮存容器必须清楚卷标并标明化学品的名称、危险类别、特别预防措施及紧急应变资料。

第五节　化学实验常用的仪器设备

化学实验中常用到种类较多的玻璃仪器、金属用具及一些机电设备，常用的仪器可分为以下几类。

一、玻璃仪器

化学实验中会用到较多的玻璃仪器,常用的玻璃仪器可以分为有机类、无机类及分析类几种,其中烧杯、试管、量筒、酸式滴定管、碱式滴定管、移液管、吸量管、玻璃干燥器等均属于无机及分析类玻璃仪器,使用方法较简单,以上玻璃仪器的具体使用在后续章节会详细介绍,在此处不再赘述。

有机类玻璃仪器种类繁多,一般在使用中以组合使用较多,根据玻璃仪器接口位置是否为磨口可分为标准磨口仪器及普通仪器两大类。相同尺寸的标准磨口仪器可互相连接,使用时直接相连即可,切不可用力连接,以防磨口位置粘住,无法拆卸仪器。磨口仪器由于操作较简单,已逐渐代替了普通的有机类玻璃仪器。在使用有机玻璃仪器时应轻拿轻放,不要重叠放置,以免打破。

对于有机化学实验,应尽量使用标准磨口的有机玻璃仪器,使用磨口的玻璃仪器既免去了选择合适尺寸橡胶塞或软木塞的步骤,省去了在合适的塞子上打孔的费力操作,也有效地防止了反应物或生成物可能被橡胶塞或软木塞污染的可能性。

标准磨口玻璃仪器可根据磨口的大小(磨口最大直径的毫米整数)大致分为10、14、19、24、29等型号,使用相同磨口型号的玻璃仪器可互相紧密连接。

(一)标准磨口有机玻璃仪器

有机化学实验中常见的磨口玻璃仪器包括:圆底烧瓶、平底烧瓶、蒸馏头、温度计套管、直形冷凝管、球形冷凝管、尾接管(或牛角管)、刺形分馏柱、分液漏斗、滴液漏斗、三口瓶、磨口锥形瓶、抽滤瓶等(图1-5-1)。在标准磨口的仪器接口处或磨口塞的位置,能看到清晰的红色印记,标注两个数字,如24/29,说明此玻璃仪器的内口径为24mm,外口径为29mm,一般在实验前要注意观察仪器磨口的型号是否一致,如不一致,则无法紧密连接。当不同尺寸规格的部件无法直接组装时,可使用转换头使其连接起来。

有机化学实验中使用磨口玻璃仪器常见的仪器装置有蒸馏装置、回流装置等,其中以蒸馏装置最为基础。蒸馏装置又可以分为常压蒸馏装置和减压蒸馏装置。

减压蒸馏装置主要由4个部分组成,分别是:蒸馏装置、减压抽气装置、安全保护装置和测压装置。减压蒸馏装置主要针对高沸点以及高温易分解、氧化或聚合的有机化合物。蒸馏装置由蒸馏瓶、克氏蒸馏头、毛细管、温度计、冷凝管及尾接管组成。蒸馏烧瓶中所承装的液体总量不能超过烧瓶总容积的1/2,毛细管的作用是导入空气,避免液体过热爆沸冲出,克氏蒸馏头可有效地防止爆沸液流入冷凝管中。在实验室中减压抽气装置常使用的减压泵分为水泵和油泵两种。安全保护装置一般为安全瓶,其作用主要是预防反应突然变化和防止倒吸现象出现。测压装置主要实时监测反应体系中压力的变化。

旋转蒸发也是一种减压蒸馏,其基本原理就是蒸馏烧瓶在连续转动下的减压蒸馏,以达到浓缩及蒸发的目的。旋转蒸发装置作为蒸发、浓缩、结晶、干燥、分离和回收操作中重要的仪器设备广泛应用于化工、生物、医药等领域。旋转蒸发装置由电加热装置、蒸发瓶、收集瓶、旋转马达、真空循环装置组成。主要用于在减压条件下连续蒸馏大量易挥发性溶剂。

(二)使用磨口玻璃仪器注意事项

(1)使用磨口玻璃仪器组装时,要保证磨口位置干净、干燥,使用前,可用滤纸将接口处的水及灰尘擦净。

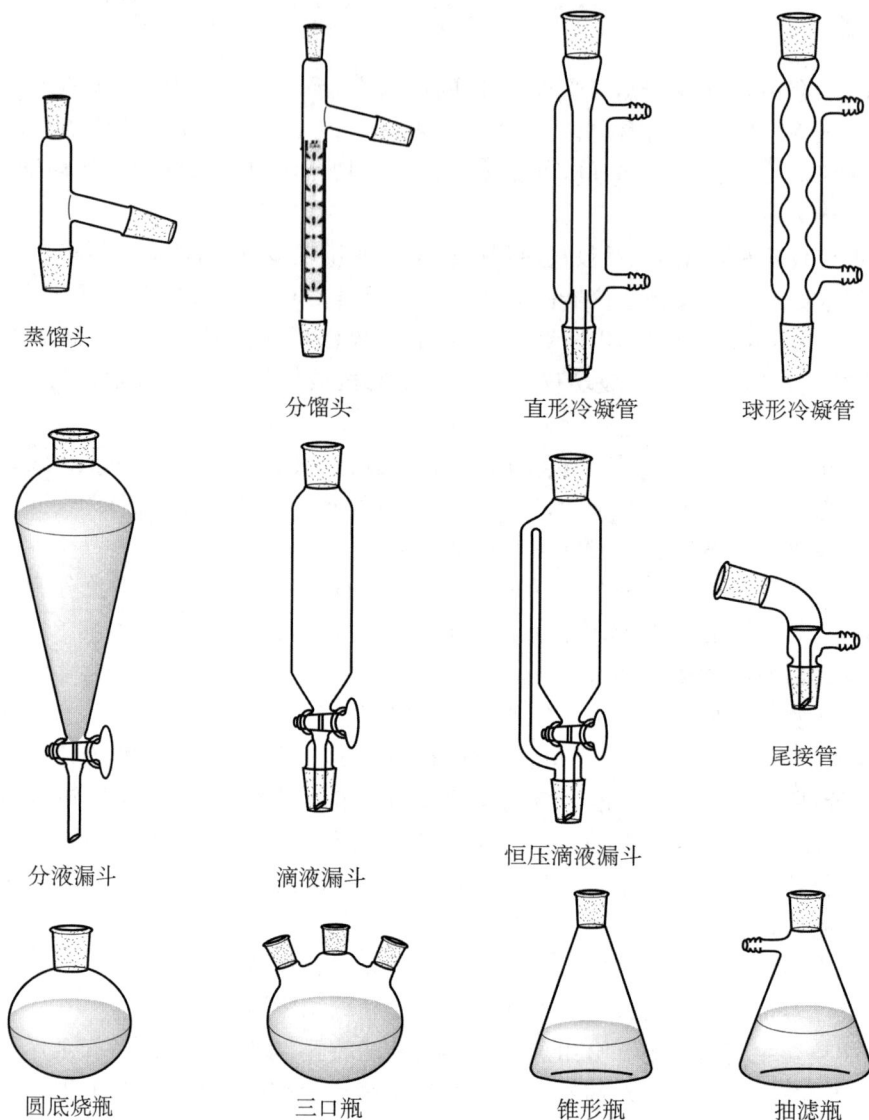

蒸馏头　　　分馏头　　　直形冷凝管　　　球形冷凝管

分液漏斗　　　滴液漏斗　　恒压滴液漏斗　　尾接管

圆底烧瓶　　　三口瓶　　　锥形瓶　　　抽滤瓶

图 1-5-1　标准磨口玻璃仪器

　　(2)为增强磨口位置的密封性,可在磨口位置涂抹少量的凡士林达到密封的目的,但实验结束后要马上将凡士林清洗干净,以防接口处粘结,使装置难以拆卸。

　　(3)组装装置时,将磨口位置轻柔对接即可,不宜用力过大旋转接口位置,以防用力过猛使装置过紧,增加拆卸难度。

　　(4)在组装常用的蒸馏或分馏装置时,首先明确各玻璃仪器的大致位置,玻璃仪器逐一安装,安装顺序一般遵循"从下至上、从左到右"的顺序。拆卸顺序一般和安装顺序相反,即"从右到左、从上至下"的拆卸顺序。

　　(5)组装完成的一套装置要满足"横看成面、纵看成线",即实验人员站在组装完成的装置前观察,从左向右观察,所有的玻璃仪器应大致都在一个平面内。实验人员再纵向观察整套装置时,所有的玻璃仪器应全部在一条直线上。如安装不符合要求,则可能导致扭歪的玻璃仪器在加热时爆裂或崩裂,存在极大的安全隐患。

（6）在组装和拆卸玻璃仪器中,要根据仪器的形状特点选择恰当的角度安装或拆卸,否则在安装或拆卸过程中极易造成玻璃仪器的破损。

（7）使用后的玻璃仪器放凉至室温后要马上清洗干净。将玻璃仪器烘干,并保存在指定的无尘柜中。

二、金属用具

化学实验中常用的金属用具:用于固定或放置玻璃仪器的石棉网、铁架台、十字夹、铁圈、万能夹、三脚架;用于夹持和放置坩埚的坩埚钳和泥三角;用于夹取药品的不锈钢药匙、镊子;提供高温热源的酒精喷灯、煤气灯;用于调节仪器组装高度的升降台;用于切割玻璃管的三角锉及经常需要使用的剪刀、不锈钢刀片等。

三、机电设备

（一）通风橱

通风橱是化学实验室中必不可少的重要的大型仪器设备。在实验中主要用于排气和换气。在化学实验中常需要用到具有挥发性的试剂或具有刺激性气味的试剂,为了使实验人员不吸入有刺激性气味的、对身体可能有危害的化学物质,常常需要在通风橱内进行操作。通风橱是实验室中最实用的局部排气设备。

使用通风橱时,首先检查电路、排水等管路是否正常,按照开关顺序依次打开电源开关、照明开关、马达开关和风扇开关。通风橱在使用过程中,每2小时即开窗通风10～20分钟,如连续使用通风橱超过5小时,要一直保持开窗通风,避免室内出现负压。在通风橱中做实验时,如需移动上下视窗时,要缓慢的移动视窗,且视窗距台面10～15cm为宜。实验过程中禁止将头伸进通风柜内操作或查看,以防试剂被操作人员吸入,引起身体不适。实验完毕后,保证马达和风扇持续运转10～15分钟,使通风橱内可能存在的废气完全排尽,最后将柜体内外擦拭清洁,关闭所有开关并下拉视窗。

在使用通风橱时,不允许在未开启通风橱时在其内做实验,不允许在通风橱内存放或操作易燃易爆实验,如实验人员长期不使用通风橱时,应保持通风橱台面干净整洁,绝对禁止在通风橱内存放过多化学试剂及器材,并应关闭所有电源和水源。

（二）水浴锅

水浴锅是化学实验室常用的加热设备,主要用于化学实验室中蒸馏、浓缩及干燥操作,水浴锅还可以在特定温度下浸渍化学药品及提供小于100℃温度的实验条件。水浴锅是化学实验中必备的仪器设备。

在使用水浴锅前要向水浴锅中加入清水,注入的清水如果条件允许最好是选用蒸馏水,因为蒸馏水中杂质成分较少,可有效地防止水垢的生成,注入清水后要注意观察水浴锅是否漏水,如漏水需马上维修,贴好标签上报实验室管理人员,并禁止使用漏水的水浴锅。如不漏水即可开启电源,此时温度控制面板显示的温度即为当前水浴锅内的水温。利用控制面板的温度设定键设置所需实验温度即可,待水浴锅中的水温达到所设定的温度时,水浴锅自动保温,可以开始实验。实验结束后关闭电源并马上将水槽中的水放尽,以防在水浴锅中长时间存放大量的水可能会锈蚀水槽内壁,造成水浴锅损坏。

使用水浴锅时,首先,在加热前一定要往水槽中注入水,严禁干烧水浴锅。其次,放入水浴锅中的水位不宜过低,以没过电热管为宜,否则加热时易将电热管损坏。再次,放入水浴锅中的水位也不宜过高,否则,加热温度过高时,会引起水槽中水沸腾,易引起清水迸溅,或清水溢出水槽,损坏元件。最后,如长时间不使用水浴锅,须将水槽中的水放净,并将水槽内壁擦拭干净。

(三)烘箱

烘箱主要用于干燥玻璃仪器或干燥无腐蚀性、加热不分解的化学试剂。在使用烘箱前要检查线路是否正常,如正常即可插好电源,用控温键设置所需温度,紧闭烘箱门,待温度升至所设置的温度后,烘箱即进入保温程序。此时可将待干燥的玻璃仪器或化学试剂放入烘箱中。在干燥清洗干净的玻璃仪器时,应先将玻璃仪器倒置将水沥干,将烘箱温度设置为 $100\sim120℃$,待温度上升到设定温度时,将玻璃仪器按照从上到下的顺序依次放置,以防残留的水滴滴落至下层已烘热的玻璃仪器上炸裂玻璃仪器。待玻璃仪器干燥后,取用干燥后的玻璃仪器一定要注意戴手套或用布隔着拿出玻璃仪器,以防因干燥温度较高烫伤手部。取出后的玻璃仪器不能碰水,以防玻璃仪器骤冷引起玻璃仪器炸裂。为防止取出后的玻璃仪器自行冷却时在内壁凝结成水滴,可用吹风机向玻璃仪器内壁吹入冷风,减少玻璃仪器水汽凝结。

(四)吹风机

实验室中常用的吹风机要既能吹出冷风,又能吹出热风,一般常用来加快玻璃仪器的干燥。吹风机不用时要拔掉电源,并放置在干燥的地方保存。

(五)电加热套

电加热套是化学实验中常用的加热型仪器设备,加热套加热稳定,在加热过程中没有明火,适用于为含有机试剂类的化学反应加热,因为大部分的有机试剂都易燃、易爆,用明火加热风险较大,存在较大的安全隐患,所以电加热套在有机实验中更加安全实用。

电加热套是由玻璃纤维包裹着电热丝制成。加热温度可通过调节变压器的电压值来控制温度,一般温度可高达 $400℃$。电加热套的规格根据其容积的大小常使用 $500ml$、$1000ml$、$2000ml$ 几种,在使用时,可根据待加热的圆底烧瓶或玻璃仪器的尺寸选择合适的加热套。加热套主要用于有机实验中的蒸馏装置、回流装置、分流装置、有机合成实验等。

(六)磁力搅拌器

磁力搅拌器由内置的旋转磁场及搅拌器托盘组成,一般常配合磁力转子联合使用。使用时将磁力转子放入预搅拌均匀的化学试剂中,将玻璃仪器放置在具有旋转磁场的搅拌器托盘上,接通磁力搅拌器电源,设定搅拌速度,由于内部磁铁旋转,引起磁力转子随之转动,达到快速均匀搅拌的目的。如在搅拌过程中需要在一定温度下进行,也可以设置所需温度,达到边加热边搅拌的目的。

(七)油浴锅

油浴锅是实验室中主要提供高温恒温的设备,该仪器的原理为利用高温加热管对导热油进行加热,利用温控仪器对所需温度进行精确的控温操作,使待加热物质能被均匀高温加热的仪器。在使用油浴锅前,需要先将导热油加入油浴锅中,且所放导热油的总体积不能超过油浴锅总容积的 $4/5$,以防高温加热使导热油溢出发生危险。实验室常用导热油为甘油、棉籽油、液体石蜡、硅油、橄榄油等。使用油浴锅时需要注意仪器周围不可有明火,仪器不可干烧,禁止用湿手触摸仪器,且使用油浴锅时要保证良好的通风环境,避免发生火灾危险。

以下是实验室常见仪器的使用方法及注意事项(表 1-5-1～1-5-6)。

表 1-5-1　常见反应类仪器

仪器名称	用途	使用方法和注意事项
普通试管 离心试管 试管架	试管作为小型反应容器,便于实验操作、实验现象观察,用药量少。也可用于少量气体的收集 离心管常用于沉淀分离 放置试管	(1)反应液体不超过试管容积的 1/2,加热时不超过 1/3 (2)加热前试管外面要擦干,加热时应用试管夹夹持 (3)加热液体时,管口不要对人,并将试管倾斜与桌面成 45°,同时不断振荡 (4)加热固体时,管口略向下倾斜 (5)离心试管如需加热只能用于水浴加热,不可直接加热 (6)放置试管时,常将试管放于试管架上
烧杯	反应容器,常用于反应物较多时,也可用于大量液体的混合。也用作配制溶液时的容器或简易水浴的盛水装置	(1)反应液体不能超过烧杯总容积的 2/3 (2)加热时需垫在石棉网上,使其受热均匀。刚加热后的烧杯不能直接放在桌面上,应垫以石棉网,防止烫坏桌面
锥形瓶	反应容器,加热时可避免液体大量蒸发损失。振荡方便,常应用于滴定操作	(1)反应液体不能超过锥形瓶总容积的 2/3 (2)如果盛放的物质具有挥发性,可使用具塞式锥形瓶,避免溶液损失
圆底烧瓶和平底烧瓶	圆底烧瓶:常温或加热条件下用作反应容器。平底烧瓶:可代替圆底烧瓶,还可作洗瓶,但不耐压,不能用于减压蒸馏	(1)盛放液体的量最多不能超过烧瓶总容积的 2/3,不能少于 1/3 (2)加热时可将其固定在铁架台上,下垫石棉网直接加热,不能直接加热,或放在加热套中直接加热
蒸馏烧瓶	用于液体蒸馏,也可用作少量气体发生装置	(1)盛放液体的量最多不能超过烧瓶总容积的 2/3,不能少于 1/3 (2)可下垫石棉网后加热,或直接用加热套加热,使用完后不可直接放在桌面上,可放在石棉网上待凉

表 1-5-2　常见量取一定体积液体的玻璃仪器

仪器名称	用途	使用方法和注意事项
量筒	量取一定体积的液体	(1)不能作为反应容器,不能加热,不可量热的液体 (2)读数时视线应与液面处于同一平面,读取与凹液面最低点相切的刻度
(1)(2)(3)(4) 移液管和吸量管	准确移取一定体积的液体	(1)先用少量待移取液润洗玻璃仪器内壁表面3次 (2)将待移取液体吸入,液面超过刻度,再用右手示指按住管口,缓慢转动管身,使凹液面与刻度线相切后,使示指按住管口,放开示指,使液体注入盛接容器 (3)吸管用后立即清洗干净,置于吸管架上。具有精确刻度的量器,不能放在烘箱中烘干,不能加热烘干,只能自然风干
胶头滴管	吸取少量试剂(数滴或1~2ml)	(1)取内外壁干净干燥的胶头滴管捏住胶头部分排尽胶头内的空气 (2)将胶头滴管尖嘴部分伸入待吸取溶液中1~2cm,缓慢松开胶帽部分,使溶液进入滴管中。胶头滴管在使用过程中不允许倒置或平放在桌面上,用后马上将滴管清洗干净

表 1-5-3　常见容器类玻璃仪器

仪器名称	用途	使用方法和注意事项
称量瓶	用于精确称量固体质量	(1)磨口盖和瓶身必须配套使用,不得丢失、必须一一对应。使用前保证称量瓶干净干燥。使用时用滤纸条夹住瓶身及瓶盖,不允许直接用手接触称量瓶 (2)使用完毕后马上清洗干净并烘干称量瓶,干燥后在磨口处垫一小纸片防止磨口粘连
滴瓶	盛放液体试剂	(1)棕色滴瓶盛放见光易分解或不稳定的试剂,胶头和滴瓶一一对应,配套使用 (2)取用液体试剂时,滴管要保持垂直,不接触其他容器内壁,不允许将尖嘴插入其他试剂中,以免沾污滴瓶

（续　表）

仪器名称	用途	使用方法和注意事项
广口瓶　　细口瓶	广口瓶盛放固体试剂,细口瓶盛放液体试剂和溶液	(1)取用试剂时,瓶盖应倒放在桌上,瓶身与瓶盖配套使用 (2)在试剂瓶中盛放碱性溶液时不可用玻璃塞而应使用橡皮塞,防止瓶塞腐蚀。试剂瓶瓶身要贴好标签

表 1-5-4　常见分离类仪器

仪器名称	用途	使用方法和注意事项
漏斗	可组成过滤装置,可将溶液引入小口容器,常见的漏斗可分为长颈漏斗、短颈漏斗和粗颈漏斗	(1)不能用火直接灼烧 (2)过滤时,漏斗下端管口必须紧靠承接滤液的容器内壁 (3)利用长颈漏斗加试剂时,漏斗的长颈应插入液面下
球形　梨形　筒形 分液漏斗	用于液体分离、洗涤和萃取,也可向反应体系中滴加试剂,主要可分为球形分液漏斗、梨形分液漏斗和筒形分液漏斗	(1)使用前,在旋塞处涂一薄层凡士林,插入转动旋塞直至形成均匀油膜。凡士林既不能涂多也不能涂少。漏斗与活塞用橡皮筋相连,防止旋塞滑出跌碎,损坏仪器 (2)分液操作时,下层液体从漏斗下端管口流出,上层液体从上口倒出。萃取时,振荡几下应放气数次,以免漏斗内气压过大使液体迸溅
布氏漏斗(a)和吸滤瓶(b)	布氏漏斗和吸滤瓶两者配套使用,可用于制备沉淀或洗涤沉淀。一般在抽滤瓶一侧连接减压抽滤装置	(1)布氏漏斗中所放的滤纸要略小于漏斗的内径,以滤纸能盖住漏斗内小孔为宜。过滤前保证滤纸贴紧布氏漏斗内壁 (2)先打开抽气管,再过滤。过滤完毕后,先分开抽气管与抽滤瓶的连接处,后关抽气管。注意漏斗与吸滤瓶配套使用。用后马上刷洗干净
蒸发皿	蒸发皿分为平底蒸发皿和圆底蒸发皿,主要用于蒸发浓缩液体及干燥固体	放入液体的量不能超过蒸发皿总容积的2/3,可直接用酒精灯加热,加热时要不断用玻璃棒搅拌,当接近蒸干时停止加热,用余温干燥固体即可

表 1-5-5　常见加热类仪器

仪器名称	用途	使用方法和注意事项
 石棉网	加热时垫在热源和玻璃仪器之间,使玻璃仪器受热均匀,适用于不能直接加热的仪器	石棉不可以弯折,在使用前要检查石棉是否破损,且石棉不可与水接触,以防石棉脱落或铁丝被锈蚀
 三脚架和泥三角	三脚架用于放置较大或较重的容器的加热操作,泥三角用于放置坩埚	(1)在泥三角上放置坩埚时,要保证坩埚漏出部分不超过坩埚总高度的 1/3,坩埚底部应横着斜放在 3 个瓷管中的其中一边上 (2)反应完后的泥三角不能直接放在桌面上,更不要向高温的泥三角上滴冷水,瓷管会因此骤冷而破裂 (3)三脚架在选择高度时要满足能用酒精灯外焰加热,且在三脚架上需要垫石棉网才能加热,实验结束后不可直接触摸三脚架,以免烫伤
 酒精灯　　酒精喷灯	酒精灯在实验室中常作热源,酒精灯火焰温度为 500～600℃。酒精喷灯火焰温度可达 1000℃以上	(1)酒精灯中所装酒精的量不能超过灯壶总容积的 2/3,不能少于其容积的 1/4,酒精灯在加热时用外焰加热,熄灭酒精灯时,用灯帽盖灭酒精灯,不可直接用嘴吹灭 (2)酒精喷灯点燃前要充分预热灯管,熄灭时用石棉网盖住灯嘴即可,喷灯使用完后,要将灯壶内的酒精倒出,以防腐蚀喷灯

表 1-5-6　常见固定夹持类仪器

仪器名称	用途	使用方法和注意事项
 铁架台	用于固定或放置玻璃容器	铁架台一般与铁圈、十字夹和万能夹联合使用,以保证仪器在合适的高度,且保证仪器不会脱落或自由旋转,固定时,仪器和铁架台的重心应在铁架台的底座中央,防止铁架台重心不稳倾斜
 试管夹	夹持试管	(1)试管夹应夹在距试管上管口 1/3 处,试管夹从试管的下方套入试管上方,取下试管时,也应从下方取走试管夹 (2)拇指不允许随意按压试管夹的短夹一侧,以防试管脱落,加热试管时,不能用火烧试管夹

（续　表）

仪器名称	用途	使用方法和注意事项
坩埚钳	从热源中夹持或取放坩埚或蒸发皿	坩埚钳保持干净、干燥,在夹持高温加热后的坩埚时,要将坩埚钳预热,防止坩埚由于骤冷炸裂,使用后,将坩埚钳的钳尖向上放在石棉网上自然放凉

第六节　实验记录和实验报告

一、实验记录

（1）实验记录是科学实验的最原始资料,必须要写在实验记录本上,禁止写在单张的纸张上。记录时应做到所记录数据真实、步骤清晰、逻辑准确、描述简练,不得任意修改及涂抹。写错的记录直接划掉,并重新书写。要从开始上第一节实验课时养成书写实验记录的习惯。

（2）实验课前要对所做实验进行充分的预习,并在实验记录本上书写本次实验的预习报告,在预习报告中简单、扼要地书写本次的实验名称、实验原理、所用玻璃仪器及试剂、操作方法及注意事项。

（3）实验过程中要仔细观察实验现象,真实、客观、准确地记录实验现象、实验数据及实验结果,并对实验内容中涉及的试剂名称、试剂规格、试剂的用量,所用的实验方法及实验条件进行详细的记录,同时详细记录做实验时的实验温度、实验中使用的仪器名称与型号、实验仪器电压、电流等信息。

（4）实验记录的形式可根据实验内容,事先设计好合理的流程及表格,在实验过程中边观察边记录,所记录的信息条理清晰,方便实验后进行数据的系统整理和总结。

（5）在实验过程中如出现错误操作或者出现可疑数据,应如实记录,必要时可重新做实验并记录正确的数据,切不可将不可信的结果当成正确结果。实验数据记录要真实、客观、准确、详细,培养学生严谨的科学实验作风。

（6）实验结束后,可在实验记录的最后附上对本次实验的心得,如对实验内容有较好的改进方法可在实验记录中说明,培养一定的科学研究思维。

二、实验报告

实验结束后,应根据实验结果和记录,及时整理总结,写出实验报告。下面列举的实验报告格式可供参考。

实验(编号)

实验名称

1. 目的和要求

2. 原理

3. 仪器与试剂

4. 实验步骤

5. **实验结果**

6. **讨论**

目的的要求、原理、实验步骤等项目可简单、扼要叙述,但实验条件、操作关键应根据实际情况书写清楚。实验结果应根据实验要求,将数据整理归纳、分析对比、计算,并尽量总结成图表,如标准曲线图、实验组和对照组结果比较表等。针对结果进行必要的说明、分析,并得出结论。讨论部分可以包括对实验方法、结果、现象、误差等进行的探讨、评论和分析,对实验设计的认识、体会和建议,对实验课的改进意见等。

第二章　化学实验基本操作技术

第一节　玻璃仪器的洗涤、干燥和存放

一、玻璃仪器的洗涤

在化学实验中必须使用干净清洁的玻璃仪器。玻璃仪器是否洁净直接影响实验结果的准确性，因此，在做化学实验前必须保证所用玻璃仪器是清洁干净的，在实验前必须将所用玻璃仪器清洗干净。做完实验后立即刷洗干净所用玻璃仪器，否则可能会导致污渍由于长时间残留在玻璃仪器中，性质发生变化，增加后续的清洗难度。

(一)洗涤方法

1. 冲洗法　向待清洗玻璃仪器中注入少量的水，一般不超过其总容积的1/3，手持玻璃仪器瓶颈处，用手腕的力量稍用力振荡数次，使水快速的冲洗玻璃仪器内部，振荡后把水倒出，如此反复冲洗数次即可。此法可除去仪器内壁上的灰尘等。

2. 刷洗法　对于不溶性或可溶性杂质可采用刷洗法清洗玻璃仪器。用毛刷和水配合去污粉、洗涤剂刷洗玻璃仪器时，注意选用合适的毛刷，来回柔力转动刷子刷洗玻璃仪器内壁，注意玻璃仪器的底部要利用毛刷的顶部刷毛多次刷洗干净，倾倒出洗刷液，用自来水冲洗玻璃仪器的内、外壁，倒置检查，如玻璃仪器内、外壁的水均不汇集成滴也不成股流下，证明仪器清洗干净，最后用蒸馏水冲洗玻璃仪器内壁3～5次，将清洗干净的玻璃仪器倒置在沥水架上自然晾干即可。

3. 铬酸洗液清洗法　在化学实验中某些实验仪器由于形状特殊，且此类玻璃仪器在定量分析中对仪器的清洁程度要求较高，用刷子清洗难度较大或不宜用毛刷刷洗，比如滴定管、移液管等，此类玻璃仪器需要用特殊的洗液清洗。而铬酸洗液是实验室中最常用的洗液之一。

4. 超声清洗法　此法常用于尺寸较小的离心试管等无法用刷子刷洗、也不太容易灌入液体清洗的仪器，此类仪器常采用超声清洗法。

玻璃仪器清洗干净标准：玻璃仪器经洗涤并用清水冲洗干净后倒置，若玻璃仪器内壁的水是均匀分布成一薄层，表示洗净；若挂有水珠或者水呈股流下，则需重新清洗玻璃仪器后，再用自来水充分冲洗，直至内壁的水"既不凝结成滴，也不成股流下"，即为洗涤干净。

(二)洗涤步骤

(1)实验室中常用的玻璃仪器，如烧杯、锥形瓶、试管、量筒等，可直接用水和毛刷刷洗干净仪器的内壁及外壁的可溶性、微溶性污渍及灰尘。

(2)若玻璃仪器内壁有油污等污渍,可利用去污粉、肥皂水或洗涤剂与刷子配合使用,用蘸取洗涤剂的刷子柔力刷洗玻璃仪器的内外壁,然后用自来水冲净洗涤剂,再用蒸馏水润洗玻璃仪器内部2～3次。

(3)在化学实验中某些实验仪器由于性状特殊,不适宜用刷子清洗,如滴定管、移液管等,需要用铬酸洗液清洗。清洗时向玻璃仪器中加入1/3体积的铬酸洗液,双手平持仪器,让铬酸洗液充分浸润仪器内壁,在浸润过程中双手缓慢的沿同一方向转动玻璃仪器。将仪器中加满洗液浸泡一段时间后,将一部分洗液从上口放出,另一部分洗液从下嘴放出,最后用自来水冲洗玻璃仪器内壁5～10次,再用蒸馏水重复冲洗5～10次。

铬酸洗液的配制方法:取20g重铬酸钾溶于40ml蒸馏水中,慢慢地加入360ml工业浓硫酸(注意:切不可将水倒入浓硫酸中,以防溶液暴沸发生危险)。利用铬酸洗液清除器壁上残留的污渍时,最好用少量洗液浸泡过夜。洗液可重复使用。

(4)砂芯玻璃滤器的清洗。在使用砂芯玻璃滤器前应用洗液边抽滤边清洗,再用蒸馏水抽洗3～5次。砂芯玻璃滤器使用后,要马上针对实验中使用的试剂特点选用适当的洗涤剂清洗,然后反复用水抽洗砂芯玻璃滤器3～5次,再用蒸馏水冲洗3～5次,直至冲洗干净,在110℃烘箱中烘干砂芯玻璃滤器,并将其保存在无尘柜内或干燥器内,如不马上清洗干净可能会导致积存的灰尘和试剂堵塞滤孔,增加清洗难度。

(5)在清洗体积较小的玻璃瓶、离心管时,常用超声清洗法。先用水洗去可溶性物质、部分不溶性物质和灰尘。向烧杯中注入一定量的洗涤剂水溶液,将待清洗玻璃仪器放在烧杯中,烧杯中的液面高度要完全浸没待清洗玻璃仪器,将烧杯放入超声机中超声清洗10～30分钟。超声清洗完成后用清水洗去洗涤液,然后再用蒸馏水超声清洗2～3次,将蒸馏水沥干,将玻璃仪器放在搪瓷盘中烘干。

(6)结晶和沉淀的清洗。如盛放氢氧化钠的玻璃仪器会因为氢氧化钠吸潮并与空气中的二氧化碳反应,生成白色的碳酸盐附着在玻璃仪器内壁,可将玻璃仪器加清水浸泡过夜,然后加入适量稀盐酸溶液,使沉淀或不溶物转换成可溶性成分,再用毛刷和洗涤剂清洗干净玻璃仪器内壁即可。如存在有机物类沉淀,可放入氢氧化钠溶液或有机试剂加热至沸腾,除去沉淀。最后用水冲洗干净,晾干。

(7)油脂的洗涤。清洗油脂时可根据相似相溶原理,利用有机试剂洗涤,也可利用氨水洗涤,黏度较大的油类污渍可用热的氢氧化钠溶液充分浸泡清洗干净。

(8)有色污渍的洗涤。如在玻璃仪器内壁附着黄褐色的铁锈污渍,可选用稀盐酸溶液进行洗涤,如在内壁有黑色的二氧化锰污渍可利用硫酸亚铁或盐酸来清洗玻璃仪器,然后用大量水冲洗干净。

(9)银盐污渍的洗涤。如玻璃仪器内部有氯化银、溴化银等污渍,可用硫代硫酸钠溶液进行洗涤;做完银镜反应实验后的仪器可用热的稀硝酸溶液清洗,最后用大量的水冲洗干净。

(三)注意事项

(1)要根据玻璃仪器的口径选择毛刷,要以毛刷需要稍用力插入玻璃仪器中为合适的毛刷尺寸。

(2)清洗剂可以选择家用洗涤剂、去污粉等,如选用洗衣粉作为洗涤剂则不能清洗内壁有直角的玻璃仪器,因为在转角处极易残留不易洗净的洗衣粉,可考虑将洗涤剂溶于水后用丰富的泡沫进行清洗,可以有效防止洗衣粉残留的情况。

（3）刷洗玻璃仪器的过程中,用力要均匀,力量过大容易将玻璃仪器底部划伤甚至损坏玻璃仪器底部,力量过小可能导致仪器刷洗不干净,需要再次清洗。

（4）注意每次清洗玻璃仪器时,管口也要用毛刷进行清洗,以防管口沾染残留的药品。

（5）每次刷洗仪器前要选用尺寸合适并且干净的毛刷,以防毛刷有残留污渍造成二次污染。

（6）采用超声清洗的玻璃容器不能有裂纹,以免损坏玻璃仪器。且超声时间不宜过长,以防玻璃仪器被超声振碎,一般以 10～30 分钟为宜。

（7）在超声清洗时将洗涤剂放在大号烧杯中,待清洗小玻璃仪器放在烧杯中浸泡超声清洗,不可直接将洗涤剂放在超声机中直接超声清洗玻璃仪器。烧杯中的洗涤剂不宜放得过多,以防止在超声过程中洗涤剂外漏污染超声机。

（8）用洗涤剂清洗干净玻璃仪器后,要用蒸馏水超声清洗至少 3～5 次,以防洗涤剂残留在玻璃仪器中。

二、玻璃仪器的干燥

实验中使用过的玻璃仪器应在每次实验完毕后洗净干燥备用。对于不同实验有不同的干燥要求,常用的烧杯、锥形瓶等仪器洗净即可使用;而用于分析类及有机类的仪器要求是干净、干燥的,实验室中常见的干燥方法如下。

（一）晾干法

刷洗干净的玻璃仪器,可在蒸馏水润洗 2～3 次后,在无尘处倒置除去水分,然后自然风干;也可将玻璃仪器直接放置在实验台旁干净无灰尘的滴水架上干燥。

（二）烘干法

普通仪器:洗净的玻璃仪器尽量倒净水分,放在烘箱内烘干,烘箱温度一般设定为 105～110℃,烘干时间 1 小时左右。在放置玻璃仪器时,如果允许可将玻璃仪器瓶口朝下放置,缩短干燥时间。

称量瓶等精密的称重玻璃仪器在烘干箱中烘干后,要用纸条夹着称量瓶的瓶身及瓶盖,将称量瓶转移到干燥器中冷却降温和保存。

具有磨口玻璃塞的玻璃仪器、厚壁仪器及砂芯玻璃滤器在烘干时,要注意升温速度不宜过快,要缓慢升温,并且温度不可过高,以免破裂。

带有精确刻度的玻璃仪器不可放于烘箱中烘干,只能自然风干。以免加热后体积发生变化,对其精密度产生不良影响。

（三）直接干燥法

试管可用酒精灯直接加热烘干,烘干时要均匀预热,试管口略向下倾斜,以免水珠倒流把试管炸裂,将试管底部来回在火焰外焰移动,烘到无水珠后把试管口向上赶净水气。烧杯、蒸发皿可直接放在石棉网上,用酒精的小火烤至干燥即可。

（四）快干法

对于急于干燥使用的玻璃仪器或不适于放入烘箱的较大的玻璃仪器,可用电吹风吹干。通常在玻璃仪器内部加入少量乙醇试剂在容器中摇动,使乙醇试剂尽量润湿玻璃仪器内壁,将乙醇试剂倒在指定的回收容器中,然后用电吹风的冷风朝玻璃仪器内部吹风 2 分钟,当乙醇试剂被冷风吹至挥发后,改用热风吹至完全干燥,最后用冷风吹去可能残留的蒸气,防止蒸气凝结。此法要注意必须在通风良好的条件下使用,且在操作过程中实验台周围不可有明火,以防乙醇试剂着火甚至引起爆炸。

(五)气流烘干法

将试管、烧杯、量筒等常用玻璃仪器倒扣在口径合适的气流烘干机上烘干仪器的一种方法,可根据需要调节冷风吹干或热风吹干。此法是实验室中较常用的安全的烘干方法。

注意事项

(1)带有刻度的玻璃仪器只能采用自然风干法进行干燥,否则精密仪器经过加热烘干后会产生误差,影响仪器的精密度。

(2)采用烘干法,烘干温度不宜过高,取用时要佩戴手套或者用干净的布垫着取用,以防烫伤。

(3)直接用酒精灯加热的干燥方法要注意远离可燃物质,注意酒精灯使用的注意事项。

(4)快干法由于利用到酒精等易挥发药品,所以利用此法干燥时要避免明火,以防发生危险。

(5)直接干燥法要从底部烤起,将玻璃仪器的管口略向下倾斜,以免水珠倒流将试管炸裂,烘至无水珠后将玻璃仪器的管口向上赶净水气。

三、玻璃仪器的存放

玻璃仪器要分类存放。移液管洗净后应置于防尘盒中。酸碱滴定管用完后需清洗干净,用蒸馏水润洗后夹于滴定管夹上沥干放到防尘盒中。带磨口塞的玻璃仪器如容量瓶、那氏比色管清洗干净后,用橡皮筋将磨口塞和瓶口系好,以免弄丢或者打破塞子。需长期保存的磨口仪器,如分液漏斗、容量瓶等,要在磨口塞和磨口间垫一张纸片,以防长时间放置磨口位置粘住。成套的玻璃仪器如索氏萃取器、蒸馏装置、挥发油提取器等用毕要立即清洗干净,将各部件拆分,放在专用的干净且干燥的盒子里保存。

第二节　化学试剂的取用

化学实验室一般只储备常用的液体和固体化学试剂,在取用固体和液体化学试剂时,要遵循"三不"原则,即不能直接用手拿取、不得品尝任何化学试剂、不能直接闻化学试剂的味道。如固体或液体试剂存放在试剂瓶中,在取用时要将试剂瓶塞倒放在桌面上,取用完要立即盖好,以免因敞口放置污染试剂或挥发变质,影响试剂使用,甚至可能引发危险。

一、固体试剂的取用

取用块状固体药品时,常用镊子夹取药品,取用粉末状固体试剂和颗粒较小的固体试剂时,常使用药匙和干净的小纸条叠成的纸槽取用药品(图2-2-1)。

取用块状药品时应遵循"一斜、二放、三慢竖"的原则。如需将药品加入到试管中,可用镊子取用块状药品,将药品放在试管口,保持试管倾斜,缓慢地竖直试管,使块状药品沿试管内壁缓慢地滑到试管底部。

如需向试管中加入粉末状或小颗粒状固体药品时,应遵循"一横、二送、三快竖"的原则。将试管横放,把盛有药品的药匙或纸槽送到试管底部,快速地竖起试管,使试剂快速地落在试

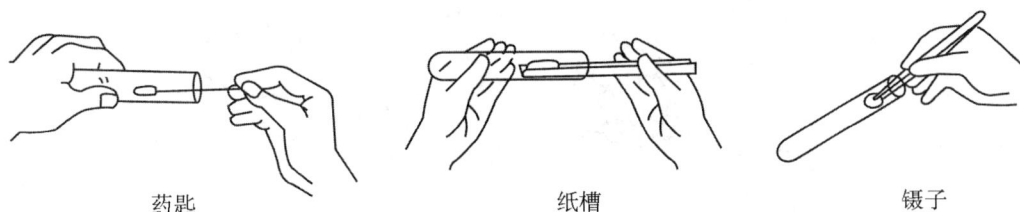

药匙　　　　　　　　　　纸槽　　　　　　　　　　镊子

图 2-2-1　固体试剂的取用

管底部,快速地竖直试管可防止药品粉末散落、沾在试管内壁上。

在化学实验中,若对固体药品的取用量没有明确的要求,以所取的固体药品的量能盖住试管底部即可。取多的药品绝对不允许放回原试剂瓶,也不允许随意丢弃,只能放在指定的容器内保存。取用完固体试剂的镊子和药匙必须马上刷洗干净,干燥保存。

注意事项

(1)取用药品的药匙必须干净干燥,药品取用应遵循勤拿少取的原则,多取出来的药品不可放回到原瓶中,只能放到指定的容器内保存待用。

(2)如需向湿试管中继续加入药品时,尽量避免药匙碰到试管内壁,以防污染药匙。使用过的药匙要马上清理干净。

(3)当取用较大的块状药品时,要缓慢竖直试管,以防竖起速度过快击碎试管底部。

(4)需取用强酸、强碱及具有腐蚀性的药品时,要在教师的指导下进行取用,学生不可擅自取用。

二、液体试剂的取用

实验中取用少量液体时常用胶头滴管吸取试剂。使用胶头滴管抽取试剂时,要保证胶帽竖直向上,不允许平放或倒置胶头滴管,防止试剂倒流回胶帽污染试剂和腐蚀胶帽。用后的胶头滴管要马上用清水冲洗干净,备用。不允许用未清洗干净的滴管吸取任何试剂。

取用较多试剂时,常用直接倾倒法。将试剂从细口瓶倾倒入指定容器中时,将试剂瓶塞倒放在实验台台面上防止污染瓶塞,一手拿试剂瓶时试剂瓶标签朝向手心,另一只手斜拿容器,将试剂瓶瓶口紧靠在容器口,缓慢倾倒,使试剂沿容器内壁流入(图 2-2-2),或利用玻璃棒将试剂引流至容器中。倾倒至所需量时,慢慢竖起试剂瓶,将瓶口剩余的液滴碰入容器中,防止液滴沿容器外壁流下。取用完试剂后,立即盖好试剂瓶塞,并将试剂瓶放到指定位置。

如在实验中无明确的取用量要求,一般液体试剂取用 1～2ml 即可。如在实验中需定量量取试剂,则可根据使用量选用量程合适的量筒、移液管、吸量管及滴定管。多取的试剂不允许放回原试剂瓶中,也不能随意丢弃,应放入指定的容器内备用。如果取用的药品易燃易爆或有挥发性,必须听从教师的指挥,严格遵照取用规定取用试剂。

注意事项

(1)使用倾倒法量取液体试剂时,必须将试剂瓶瓶口紧靠在玻璃仪器瓶口,不允许悬空倒液,否则会引起液体迸溅,可能发生意外。

(2)试剂瓶的瓶塞磨口位置禁止与桌面接触,否则会污染药品甚至腐蚀实验台面。

(3)倾倒操作完成后在缓慢竖起试剂瓶的同时要使两个管口互相提一下,以免有滴落的液

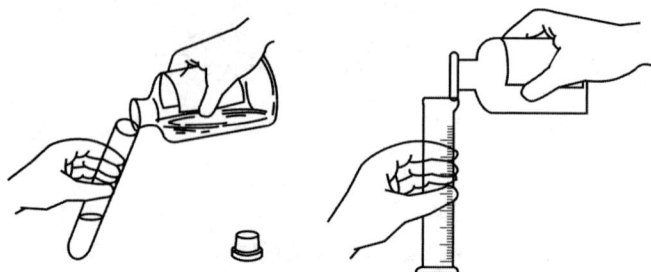

图 2-2-2　液体试剂的取用

体流到玻璃仪器的外壁。

第三节　试管实验基本操作技术

一、试管振荡操作

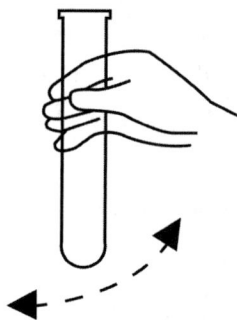

试管是化学实验中最常用的玻璃仪器,在振荡试管中液体时,一般用示指、拇指和中指握住试管,手指握持在距试管口 1/3～1/2 处。振荡试管中液体时,用示指、拇指和中指握住试管,试管稍微倾斜,用手腕的力量连续向左右方向振荡试管,或用拇指和示指握住试管,用中指轻轻敲动试管,振荡和敲动不宜力量过大,否则会使试管内的液体由于剧烈振荡而溅出试管。试管振荡操作见图 2-3-1。

图 2-3-1　试管的振荡

二、试管中液体的加热操作

加热试管中的液体时,要保证试管外壁干燥,并用酒精灯的外焰直接加热,操作如图 2-3-2 所示。用试管夹从试管底部从下至上套住试管,试管夹夹持在距试管上管口 1/4 处,调整试管夹使试管与桌面形成 45°左右的夹角,试管口既不要对着自己也不可对着旁人,试管中液体的总体积要少于试管总容积的 1/3,为使试管内的液体受热均匀,先加热试管的中部和上部,充分预热,在加热过程中不断地来回移动试管,预热充分后再慢慢地向下移动试管,用酒精灯外焰加热试管中的液体部分。在加热过程中不允许用手直接拿持试管,以防烫伤。加热完成后的试管不能马上用冷水清洗,否则会炸裂试管,应将试管放凉至室温后,再将试管清洗干净。

注意事项

(1)不允许直接用手拿持试管。

(2)试管夹夹持位置不要离管口太远,试管在加热过程中不允许竖直,否则加热时离火太近可能会烧坏试管夹。

(3)试管口不要朝向他人和自己,以免液体溅出伤人。

(4)加热时,不要集中加热某一部分,以免液体沸腾冲出试管。

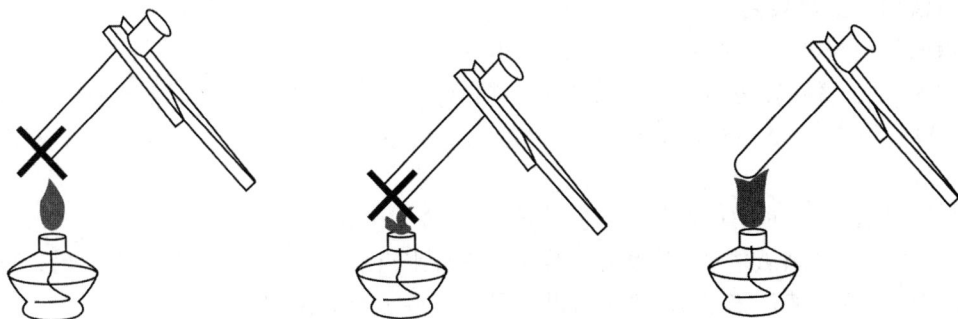

图 2-3-2　试管中液体的加热

三、试管中固体的加热操作

　　加热试管中的固体药品时,固体药品的总量不能超过试管总容积的 1/3,待加热的固体药品如果是块状或颗粒较大时,需要先将固体药品用研钵研碎,用药匙送到试管底部,使药品平铺在试管底部。将试管夹从试管底部套在距试管口 1/3 处,固定在铁架台上,且保证试管口略向下倾斜,防止加热后生成的冷凝水倒流回试管底部炸裂试管。加热试管时,要保证试管外壁干燥,防止内外受热不均匀炸裂试管。在加热时,用酒精灯来回预热整个试管,充分预热试管后,再缓慢地将酒精灯火焰移动到固体药品较薄的位置集中加热,随着反应的持续进行,缓慢地移动酒精灯至药品较多的位置,持续加热至反应完全。加热过程中要保证一直用酒精灯外焰加热。

注意事项

(1)将药品平铺放置在试管底部,防止加热时外层药品容易形成硬壳,阻止内部药品反应。

(2)加热试管前先用滤纸擦净试管外壁,防止加热过程中由于内外受热不均炸裂试管。

(3)加热时要先将整个试管预热,再集中加热药品位置,防止加热不均,炸裂试管。

(4)加热时要将试管口略向下倾斜,以防生成的冷凝水倒流回试管底部,炸裂试管。

四、试管中液体的倾倒操作

　　将试管中的液体倾倒入其他试管或烧杯中时,可将试管口与另一试管口(或者烧杯口)紧靠对齐,并同时使试管(或烧杯)保持倾斜,倾倒液体时,要让液体缓慢地沿玻璃内壁流入另一玻璃容器中,倾倒完毕后,将倾倒试剂的试管稍微向上提一下,并快速竖起试管,以防倾倒液沿试管外壁流下。倾倒完后,用滤纸将试管或烧杯的外壁擦拭干净。

第四节　物质的加热与冷却

一、加热

　　在化学实验中,经常要对反应体系进行加热,以提高反应速率。在分离、提纯化合物及测定一些物理常数时,也常常需要加热。

(一)常用的加热仪器

常用的加热仪器包括酒精灯、酒精喷灯、电炉、电热板和马弗炉等。

1. 酒精灯 酒精灯是实验室最常用的加热器具,常用于加热温度不太高的实验,其火焰温度为 $400\sim500\,^{\circ}\mathrm{C}$。酒精灯由灯罩、灯芯和灯壶 3 个部分组成(图 2-4-1)。使用时应注意以下几点。

(1)使用酒精灯以前,应先检查灯芯,如灯芯不齐或烧焦,要进行修整。

(2)使用火柴点燃酒精灯,不能用点燃的酒精灯来点燃,否则灯内的酒精会洒出,可能引发火灾。加热时,若要使灯焰平稳,并适当提高温度可以加金属网罩。

(3)添加酒精时应将灯熄灭,利用漏斗将酒精加入到灯壶内,添加量最多不超过总容量的 2/3。

(4)熄灭酒精灯要用灯罩盖熄,不能用嘴吹。酒精灯不用时应盖上灯罩,以免酒精挥发。

图 2-4-1 酒精灯的构造及正确点燃方法
1. 灯罩;2. 灯芯;3. 灯壶

2. 酒精喷灯 酒精喷灯有座式(图 2-4-2)和挂式(图 2-4-3)两种,使用方法相似。酒精喷灯温度通常可达到 $700\sim1000\,^{\circ}\mathrm{C}$,可用于焰色反应或玻璃工艺实验。使用时,先将灯壶(座式)或储罐(挂式)灌入酒精,注意灯壶内贮酒精量不能超过 2/3。然后在预热盘上加满酒精并点燃,待盘内酒精燃尽将灯管灼热后,打开空气调节器或储罐(挂式)下与灯管相通的开头,并在灯管口点燃喷灯,即可得到温度很高的火焰;调节空气调节器开头,可以控制火焰的大小。用

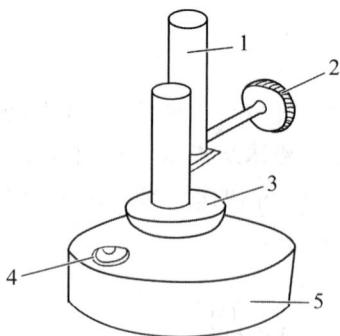

图 2-4-2 座式酒精喷灯
1. 灯管;2. 空气调节器;
3. 预热盘;4. 灯壶盖;5. 灯壶

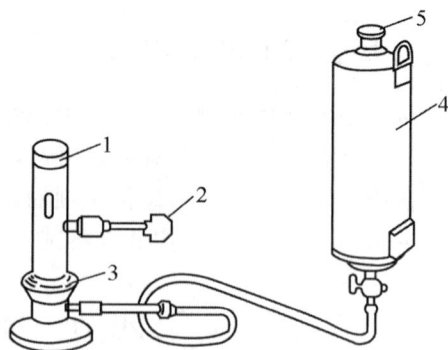

图 2-4-3 挂式酒精喷灯
1. 灯管;2. 空气调节器;
3. 预热盘;4. 酒精储罐;5. 灯盖

毕,向右旋紧空气调节器,可使火焰熄灭,也可盖灭。挂式酒精喷灯还应关闭储罐下的开头。使用时需要注意的内容如下。

(1)在开启空气调节器、点燃以前,灯管必须充分灼热,否则酒精在灯管内不会全部气化,会有液态酒精由管口喷出,形成"火雨"。碰到这种情况时,应马上关闭空气调节器,在预热盘中再加满酒精烧干1~2次。

(2)喷灯使用一般不超过30分钟,应在冷却、添加酒精后再继续使用。

3. 电炉、电热板和马弗炉

(1)电炉(图2-4-4)。可加热盛于器皿中的液体,通过调节电阻来控制温度高低。玻璃器皿与电炉间要垫上石棉网才能受热均匀。

(2)电热板。电炉做成封闭式称为电热板。由控制开关和外接调压变压器调节加热温度。电热板升温速度较慢,受热面为平面,常用于加热烧杯、锥形瓶等平底容器。

(3)马弗炉(图2-4-5)。炉膛为长方体,炉壁很厚,利用电热丝加热,温度可调控,最高使用温度可达1300℃。需要加热的物质放入坩埚内再放进炉内加热。马弗炉内的温度是通过一副热电偶和一只毫伏表所组成的高温计来测量的。将一只接入线路的温度控制器与热电偶连接起来,便可控制炉内温度,使其保持在某一温度不变。

图2-4-4 万用电炉

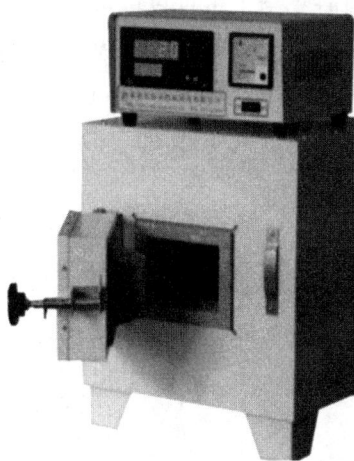

图2-4-5 马弗炉

(二)加热方式

加热方式可分为直接加热和间接加热。

1. 直接加热 样品在较高温度下稳定不分解且无着火危险时,可采用直接加热方法。盛有化学物质的器皿如试管或蒸发皿等可用酒精灯或电炉等直接加热。而烧杯、烧瓶、三角瓶等要垫上石棉网才能加热。

2. 间接加热

(1)水浴。当被加热的物质需受热均匀而温度不超过100℃时,可用水浴加热。通常使用的水浴锅(图2-4-6)锅盖是由一组大小不同的同心金属(铜或铝)圈环组成。根据加热器皿的大小任意选择,以尽可能增大器皿底部的受热面积而又不掉进水浴为原则。水浴中水量不能超过其容量的2/3,注意勿使水烧干。

实验中常用大烧杯代替水浴锅或用电热恒温水浴锅加热,后者加热温度可以自动控制,比较方便。

(2)空气浴。热源把局部空气加热,空气再把热能传导给反应容器。电热套加热就是简单的空气浴加热,安装电热套时,要使反应瓶外壁与电热套内壁保持 2cm 左右的距离,以便利用空气传热和防止局部过热,此设备不用明火加热,使用较安全。

(3)油浴。当加热温度在 $100\sim250\,^{\circ}C$ 范围,可采用油浴,常用的油浴浴液有液体石蜡、硅油、真空泵油或一些植物油,如豆油、棉油、蓖麻油等。

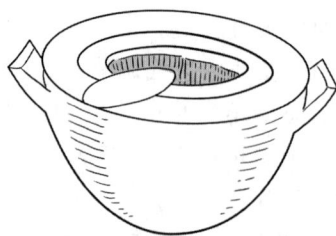

图 2-4-6　水浴锅

(4)沙浴。若加热温度在 $250\sim350\,^{\circ}C$ 范围,可采用沙浴。通常将细沙装在金属盘中,把反应容器半埋在沙中,并保持其底部留有一层沙层,以防局部过热。由于沙浴温度不均匀,故测试浴温的温度计水银球应靠近反应容器。

3. 固体物质的灼烧　当某些固体物质需要高温加热时,可把固体放在坩埚中,将坩埚置于泥三角上,用氧化焰灼烧(图 2-4-7)。不要让还原焰接触坩埚底部,以免坩埚底部结上炭黑。灼烧开始时先用小火烘烧坩埚,使坩埚受热均匀,然后加大火焰,根据实验要求控制灼烧温度和时间。要夹取高温下的坩埚时,必须用干净的坩埚钳,用前先在火焰上预热钳的尖端,再去夹取。坩埚钳用后,应如图 2-4-8 所示平放在桌上(温度很高则应放在石棉网上),尖端向上,保证坩埚钳尖端洁净。

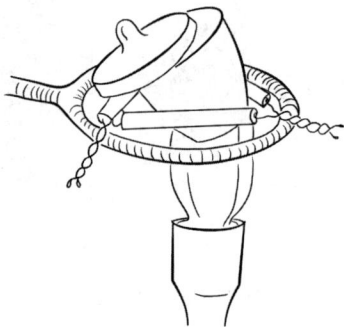

图 2-4-7　灼烧

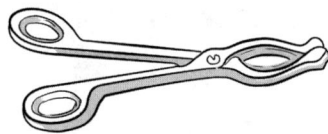

图 2-4-8　坩埚钳

二、冷却

在化学实验中,有时需进行低温冷却操作。例如,沸点很低的有机化合物要冷却减少挥发,加速结晶等。常用的冷却方法如下。

(1)将加热后的固体或液体放在空气中自然冷却。

(2)有些化学反应会产生大量的热,使反应体系温度迅速升高,或某些化学实验需要在较低的温度下进行,这就需要冷却。根据实验不同的要求,选用适当的冷却方法和冷却剂冷却。

1）冰-水冷却。一般可用冷水在容器外壁流动或把反应器浸在冷水中,以便热量交换。也可用水和碎冰的混合物作为冷却剂,其冷却效果比单用冰块好。

2）冰-盐冷却。要在0℃以下进行操作时,常用不同比例混合的碎冰和无机盐作为冷却剂。如食盐与碎冰的混合物(30:100),在实际操作中温度可降至−18～−5℃。冰盐浴不宜用大块的冰,按上述比例将食盐均匀撒布在碎冰上,这样冷却效果才好,在使用过程中应随时加以搅拌。

3）干冰或干冰与有机溶剂混合冷却。干冰(固体二氧化碳)和乙醇、异丙醇、丙酮、乙醚或氯仿混合,可冷却到−78～−50℃的低温,一般将这种冷却剂放在杜瓦瓶(广口保温瓶)中或其他绝热效果好的容器中,以保持其冷却效果。

4）低温循环泵。采用机械制冷的低温循环设备,具有提供低温液体、低温水浴的作用,使用时根据要求调节到所需冷却温度。

第五节　物质的分离与提纯

在物质的分离与提纯过程中,经常用到溶解、蒸发(浓缩)、结晶(重结晶)、过滤、蒸馏和萃取等基本操作。现分述如下。

一、溶解

首先要根据被溶解物质的性质选好溶剂,在无机化学实验中,常用水作为溶剂。将固体物质溶解于某一溶剂时,通常要考虑温度对物质溶解度的影响和实际需要而取用适量溶剂。

加热一般可加速溶解过程,应根据物质对热的稳定性选用直接用火加热法或水浴等间接加热方法。

溶解在不断搅动下进行,用搅拌棒搅动时,应手持搅拌棒并转动手腕,使搅拌棒在液体中均匀地转圈,不要用力过猛,不要使搅拌棒碰在器壁上,以免损坏容器。

如果固体颗粒太大而不易溶解时,应先在洁净干燥的研钵中将固体研细,研钵中盛放固体的量不要超过其容量的1/3。

二、蒸发(浓缩)

(一)定义

蒸发就是用加热的方法,将含有不挥发性溶质的溶液加热至沸腾状,使部分溶剂汽化并被移除,从而提高溶剂中溶质浓度的单元操作。实验室或工业生产中应用蒸发操作有以下几种情况。

(1)浓缩稀溶液直接制取产品或将浓溶液再处理(如冷却结晶)制取固体产品,如电解烧碱液的浓缩及各种果汁的浓缩等。

(2)同时浓缩溶液和回收溶剂,如有机磷农药苯溶液的浓缩脱苯、中药生产中酒精浸出液的蒸发等。

(3)为了获得纯净的溶剂,如海水淡化等。

总之,在化学工业、食品工业、制药工业中,蒸发操作应用广泛。

(二)操作特点

蒸发过程只是从溶液中分离出部分溶剂,而溶质仍留在溶液中,因此,蒸发操作是一个使溶液中的挥发性溶剂与不挥发性溶质分离的过程。蒸发操作有以下特点。

1. 溶液沸点比纯溶剂高 由于溶液含有不挥发性溶质,因此,在相同温度下,溶液的蒸气压比纯溶剂的小,也就是说,在相同压力下,溶液的沸点比纯溶剂的高,溶液浓度越高,这种影响越显著。

2. 物料及工艺特性 物料在浓缩过程中,溶质或杂质常在加热容器表面沉积、析出结晶而形成垢层,影响传热;有些溶质是热敏性的,在高温下停留时间过长易变质;有些物料具有较大的腐蚀性或较高的黏度等。

3. 能量回收 蒸发过程是溶剂汽化过程,由于溶剂汽化潜热很大,所以蒸发过程是一个大能耗单元操作。因此,节能是蒸发操作应予考虑的重要问题。

三、结晶(重结晶)

在化学实验中,热的饱和溶液冷却后,溶质以晶体的形式析出,这一过程被称为结晶。固体有机物在溶剂中的溶解度与温度有密切关系,一般是温度升高,溶解度增大。若把固体溶解在热的溶剂中达到饱和,冷却时即由于溶解度降低,溶液变成过饱和而析出结晶。利用溶剂对被提纯物质及杂质的溶解度不同,可以使被提纯的物质从过饱和溶液中析出,而让杂质全部或大部分留在溶液中从而达到提纯目的。

利用不同物质在同一溶剂中的溶解度的差异,可以对含有杂质的化合物进行纯化。所谓杂质是指含量较少的一些物质,它们包括不溶性机械杂质和可溶性杂质两类。在实际操作中先在加热情况下使被纯化的物质溶于一定量的水中,形成饱和溶液,趁热过滤,除去不溶性机械杂质;然后使滤液冷却,此时被纯化的物质已经是过饱和,从溶液中析出结晶;而对于可溶性杂质来说,远未达到饱和状态,仍留在母液中。过滤使晶体与母液分离,便得到较纯净的晶体物质。这种操作过程即为重结晶。如果一次结晶达不到纯化的目的,可以进行第二次重结晶,有时甚至需要进行多次结晶操作才能得到纯净的化合物。

重结晶纯化物质的方法,只适用于那些溶解度随温度上升而增大的化合物,而对于溶解度受温度影响很小的化合物则不适用。并且重结晶适用于产品与杂质性质差别较大,产品中杂质含量小于 5% 的体系。

四、过滤

过滤是把不溶于液体的固体物质与液体分离开的一种方法。根据混合物中各成分的性质可采用常压过滤、减压过滤或热过滤等不同方法。

(一)常压过滤

常压过滤操作可总结为"一贴""二低"和"三靠"。"一贴"是滤纸的折叠必须和漏斗的角度相符,使它紧贴漏斗壁,并用水润湿。"二低"是滤纸的边缘须低于漏斗口 5mm 左右,漏斗内液面又要略低于滤纸边缘,以防固体混入滤液。"三靠"是过滤时,盛放待过滤液的烧杯杯嘴和玻璃棒相靠,液体沿玻棒流进过滤器;玻璃棒末端和三层滤纸部分相靠;漏斗下端的管口与用来装盛滤液的烧杯内壁相靠,使过滤后的清液呈细流沿漏斗颈和烧杯内壁流入烧杯中。

过滤时,将漏斗置于漏斗架上,漏斗颈与接收容器紧靠,将玻璃棒贴近三层滤纸一边。首先沿玻璃棒倾入沉淀上层清液，一次倾入的溶液一般最多只充满滤纸的 2/3，以免少量沉淀因毛细作用越过滤纸上沿而损失。倾析完成后，在烧杯内将沉淀用少量洗涤液搅拌洗涤，静置沉淀，再如上法倾出上清液。如此 3～4 次。残留的少量沉淀可用如下方法全部转移干净：左手持烧杯倾斜着拿在漏斗上方，烧杯嘴向着漏斗，将玻璃棒横架在烧杯口上，玻璃棒的下端向着三层滤纸处，用洗瓶吹出洗液，冲洗烧杯内壁，沉淀连同溶液沿玻璃棒流入漏斗中。沉淀全部转移到滤纸上以后，仍需在滤纸上洗涤沉淀，以除去沉淀表面吸附的杂质和残留的母液。其方法是从滤纸边缘稍下部位开始，用洗瓶吹出的水流，按螺旋形向下移动，并借此将沉淀集中到滤纸锥体的下部。洗涤时应注意，切勿使洗涤液突然冲在沉淀上，这样容易溅失。

（二）减压过滤

减压过滤也就是抽滤，利用抽气泵使抽滤瓶中的压强降低，达到固液分离的目的。减压过滤可加速过滤，并使沉淀抽吸得较干燥，但不宜过滤胶状沉淀和颗粒太小的沉淀，因为胶状沉淀易穿透滤纸，沉淀颗粒太小易在滤纸上形成一层密实的沉淀，溶液不易透过。减压过滤主要装置由布式漏斗、抽滤瓶、胶管、循环水式真空泵、滤纸等组成（图 2-5-1）。

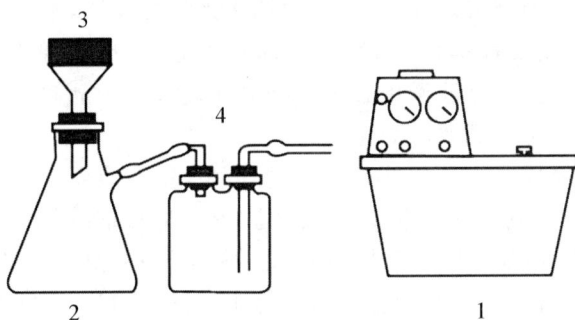

图 2-5-1　减压过滤装置
1. 循环水式真空泵；2. 抽滤瓶；3. 布氏漏斗；4. 安全瓶

1. **循环水式真空泵**　循环水式真空泵采用射流技术产生负压，以循环水作为工作流体，是新型的真空抽气泵。它的优点是使用方便、节约用水。面板上有开关、指示灯、真空度指示表和真空吸头Ⅰ、Ⅱ（可供两套过滤装置使用）。后板上有进出水的下口、上口，即循环冷凝水的进水口、出水口。使用前，先打开台面加水，或将进水管与水龙头连接，加水至进水管上口的下沿，真空吸头处装上橡皮管。将橡皮管连接到吸滤瓶支管上，打开开关，指示灯亮，真空泵开始工作。过滤结束时，先缓缓拔掉吸滤瓶上的橡皮管，再关开关，以防倒吸。更换循环水时，用虹吸法吸出循环水。

2. **抽滤操作**

（1）剪滤纸。将滤纸经 2 次或 3 次对折，让尖端与漏斗圆心重合，以漏斗内径为标准，做记号。沿记号将滤纸剪成扇形，打开滤纸，如不圆，稍做修剪。放入漏斗，试大小是否合适。若滤纸稍大于漏斗内径，则剪小些，使滤纸比漏斗内径略小，但又能把全部瓷孔盖住。如滤纸大了，滤纸的边缘不能紧贴漏斗而产生缝隙，过滤时沉淀穿过缝隙，会造成沉淀与溶液不能分离；空气穿过缝隙，吸滤瓶内不能产生负压，使过滤速度减慢，沉淀抽不干。若滤纸小了，不能盖住所有的瓷孔，则不能过滤。因此，剪一张合适的滤纸是减压过滤操作成功的关键。

(2)贴紧滤纸。用少量水润湿,用干净的手或玻棒轻压滤纸除去缝隙,使滤纸贴在漏斗上。将漏斗放入吸滤瓶内,塞紧塞子。注意漏斗颈的尖端在支管的对面。打开开关,接上橡皮管,滤纸便紧贴在漏斗底部。如有缝隙,一定要除去。

(3)过滤。过滤时一般先转移溶液,后转移沉淀或晶体,使过滤速度加快。转移溶液时,用玻璃棒引导,倒入溶液的量不要超过漏斗总容量的2/3。过滤过程中先用玻璃棒将沉淀或晶体转移至烧杯底部,再尽量转移到漏斗。如转移不干净,可加入少量滤瓶中的滤液,一边搅动,一边倾倒,让滤液带出晶体。继续抽吸直至晶体干燥,可用干净、干燥的瓶塞压晶体,加速其干燥,但不要忘了取下瓶塞上的晶体。

(4)转移晶体。取出晶体时,用玻璃棒掀起滤纸的一角,用手取下滤纸,连同晶体放在称量纸上,或倒置漏斗,手握空拳使漏斗颈在拳内,用嘴吹下。用玻璃棒取下滤纸上的晶体,但要避免刮下纸屑。检查漏斗,如漏斗内有晶体,则尽量转移出。若盛放晶体的称量纸有点湿,则用滤纸压在上面吸干,或转移到两张滤纸中间压干。若称量纸很湿,则重新过滤,抽吸干燥。

(5)转移滤液。将支管朝上,从瓶口倒出滤液,如支管朝下或在水平位置,则转移滤液时,部分滤液会从支管处流出而损失。注意:支管只用于连接橡皮管,不是溶液出口。

(6)晶体的洗涤。若要洗涤晶体,则在晶体抽吸干燥后,拔掉橡皮管,加入洗涤液润湿晶体,再微接真空泵橡皮管,让洗涤液慢慢透过全部晶体。最后接上橡皮管抽吸干燥。如需洗涤多次,则重复以上操作,洗至达到要求为止。

(7)具有强酸性、强碱性或强氧化性溶液的过滤。这些溶液会与滤纸作用,而使滤纸破损。若过滤后只需要留下溶液,则可用石棉纤维代替滤纸。将石棉纤维在水中浸泡一段时间,搅匀,然后倾入布氏漏斗内,减压,使它紧贴在漏斗底部。过滤前要检查是否有小孔,如有则在小孔上补铺一些石棉纤维,直至无小孔为止。石棉纤维要铺得均匀,不能太厚。过滤操作同减压过滤。过滤后,沉淀和石棉纤维混在一起,只能弃去。若过滤后要留用的是沉淀,则用玻璃滤器代替布氏漏斗(强碱不适用)。过滤操作同减压过滤。

(三)热过滤

当需要除去热的浓溶液中的不溶性杂质,而又不能让溶质析出时,一般采用热过滤。过滤前把布氏漏斗放在水浴中预热,使热溶液在趁热过滤时,不至于因冷却而在漏斗中析出溶质。热过滤就是在普通过滤器外套上一个热滤漏斗,某些热的浓溶液过滤时,由于温度降低,晶体很容易在滤纸上析出,这将使滤出的固体杂质与晶体相混,因此,该种溶液就需在保温的情况下进行过滤,即热过滤。

1. 热过滤装置的准备 热过滤装置如图2-5-2所示。热滤漏斗是铜制的,具有夹层和侧管。夹层内盛水,漏斗上沿有一注水口,侧管处用于加热。热滤漏斗内的玻璃漏斗大小应与热滤漏斗相匹配,且应为短颈(比热滤漏斗的底端稍长)。

2. 过滤操作

(1)从注水口处向热滤漏斗夹层中注水,水不可盛得过满,以防水沸腾时溢出。

(2)将过滤器准备好后,开始加热漏斗侧管,使漏斗内的水温达到要求(图2-5-3)。

过滤前还应把玻璃漏斗放在水浴上用蒸气加热一下。

(3)过滤过程中若有结晶析出,应待过滤结束,将滤纸上的晶体用溶剂溶解,然后用新滤纸过滤。

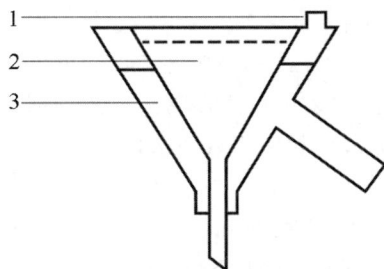

图 2-5-2　热过滤装置

1. 注水口；2. 玻璃漏斗；3. 热水

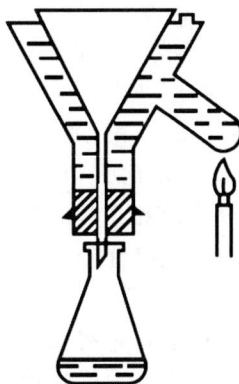

图 2-5-3　热过滤

3. 注意事项

(1)常压过滤时，如果滤纸和漏斗的隔层和漏斗管里有气泡或者漏斗管(斜面背后)没有贴紧烧杯壁，就会使过滤受到空气的阻力而减慢。

(2)在热过滤时，要经常向保温漏斗中添加热水。

(3)抽滤的关键在于控制水的流量，开始时如果水的流速过大，会使滤纸穿孔。当固体物质增厚时，如果水的流速过小，将使抽滤速率减小。

(4)当停止吸滤时，需先拔掉连接吸滤瓶和泵的橡皮管，再关泵，以防反吸。为了防止反吸现象，一般在吸滤瓶和泵之间，装上一个安全瓶。

五、蒸馏

分离提纯液体有机化合物常用的方法是蒸馏。蒸馏又分为常压蒸馏、减压蒸馏、分馏和水蒸气蒸馏。常压蒸馏(simple distillation)可以把挥发性的液体与不挥发物质分开，也可以分离两种或两种以上沸点相差较大(至少 30℃ 以上)的液体有机化合物。

1. 蒸馏装置　图 2-5-4 示最常用的常压蒸馏装置。蒸馏瓶(圆底烧瓶)的高低根据热源的高低确定。热源可以是煤气灯加热，也可以是水浴、油浴、电热套等。

若蒸馏易挥发的低沸点液体，需将接液管的支管连上橡皮管，通向水槽或室外。如有刺激性气体冒出，可接气体吸收装置。若需防潮，在支管口接上干燥管。如果蒸馏沸点在 140℃ 以上的液体，将冷凝管换成没有夹套的空气冷凝管。

2. 蒸馏操作

(1)仪器的选择及安装。根据液体的体积选择大小合适的蒸馏瓶，一般液体的体积不能

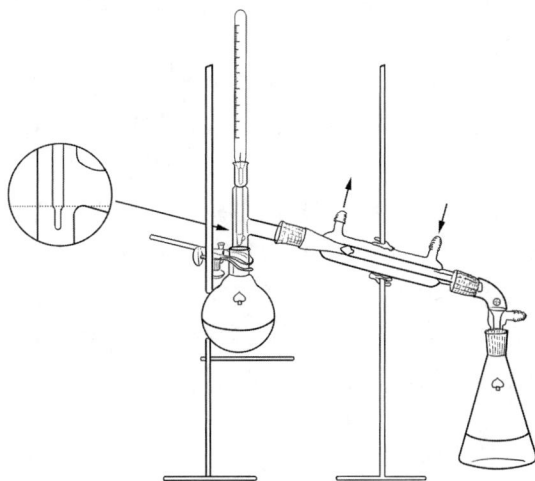

图 2-5-4　常压蒸馏装置

超过瓶容积的 2/3,也不得少于 1/3。安装的顺序一般先从热源开始,自下而上,由左至右。根据热源的高低,先把蒸馏瓶固定在铁架上,根据被蒸馏液体的沸点选择合适的冷凝管,连接好通冷凝水的橡皮管,并把冷凝管固定在另一个铁架上,然后与蒸馏头支管相连,最后接上接液管和接收容器。要求整套装置从正面或侧面看都必须在同一个平面上。整套装置必须与大气相通,不能造成密闭装置,否则加热后容易引起爆炸。接收容器应当选择开口较小的容器(锥形瓶、圆底烧瓶等),尤其在蒸馏挥发性较大的液体时,绝对不能用敞口的烧杯。蒸馏时,温度计的位置很重要,应使温度计处于蒸馏头的中心线上,水银球的上端和蒸馏头侧管的下端处于同一水平面上。

(2)加料。根据具体情况选择加料方法。通常是在装置安装好后,用长颈漏斗加入,然后加入几粒沸石,防止暴沸。暴沸现象的发生及预防:在沸点时,液体释放出大量蒸气至小气泡中,待气泡中的总压力超过大气压并足够克服由于液柱所产生的压力时,蒸气的气泡就上升逸出液面。因此,假如液体中有许多小气泡或其他汽化中心,液体可以平稳沸腾。如果液体中几乎不存在空气,瓶壁又光滑洁净,形成气泡非常困难,则液体加热时,温度可能上升到超过沸点很多而不沸腾,这种现象称为"过热"。一旦有气泡生成,由于液体在此温度时的蒸气压已大大超过大气压和液柱压力之和,因此,气泡上升很快,甚至将液体冲出瓶外,这种不正常的剧烈沸腾叫作"暴沸"。为防止暴沸的发生,在加热前要加入一些助沸物,一般是多孔物质,如瓷片、沸石等。

(3)加热。使用水冷凝管时,在加热前先接通冷凝水,然后开始加热。加热时可以看到蒸馏瓶中的液体开始沸腾,蒸气逐渐上升(从液面上的瓶壁到瓶颈,逐渐被蒸气润湿),温度计读数略有上升。当蒸气上升到温度计水银球部位时,温度计读数急剧上升。这时应使加热速度略微下降(调小煤气灯火焰或降低电炉或电热套的电压),让蒸气上部停留在原处,使瓶颈上部及温度计受热,让水银球上液滴和蒸气温度达到平衡。然后再稍微加快加热速度,进行蒸馏。控制加热,调节蒸馏速度,通常以每秒蒸出 1~2 滴为宜。蒸馏时,加热的速度不能太快,否则蒸气容易过热,由温度计读到的温度较真实沸点偏高。蒸馏速度过慢,由于温度计不能被蒸气充分浸润,使温度计读数偏低或不规则。维持温度计水银球上一直被液体蒸气所浸润,始终能观察到水银球上有冷却的液滴,此时温度计上所示的温度为液体与蒸气平衡时的温度,也即馏出液的沸点。

(4)观察沸点和收集馏液。在准备蒸馏前,至少要准备两个干燥洁净的接收容器(锥形瓶等小口容器,除了蒸馏水,一般不用大口烧杯接收)。在达到所需蒸出液体的沸点以前,常常会有一些沸点较低的液体先蒸出,这部分馏液称为"前馏分"。随着前馏分的蒸出,温度逐渐上升并趋于稳定,这时蒸出的是较纯的物质。换一个干燥洁净已称重的接收器,分别记下这部分液体开始馏出时和收集到最后一滴时的温度计读数。当一种馏分蒸完后,温度会突然下降。这时要停止加热,即使杂质很少,也不要蒸干,以免蒸馏瓶破裂或发生其他意外。

(5)蒸馏完毕,应先关停热源,待冷却后停止通水,拆下仪器。拆除仪器的顺序与装配的顺序相反,先取下接收器,然后拆下接液管、冷凝管等。

六、萃取

萃取(solvent extraction)是有机化学实验中用来提取或纯化有机化合物常用的操作之一。应用萃取可以从固体或液体混合物中提出所需要的物质,也可以用来洗去混合物中少量杂质。通常前者称为"抽提"或"萃取",后者称为"洗涤"(solution washing)。萃取和洗涤的基本原理都是利用物质在互不相溶(或微溶)的溶剂中的溶解度或分配比不同而达到分离目的。

萃取操作:在实验中用得最多的是水溶液中物质的萃取。最常使用的萃取器皿为分液漏斗(图 2-5-5)。

(1)选择一个容积较液体体积大一倍以上的分液漏斗,把活塞涂好润滑脂或凡士林,检查是否漏水。

(2)将分液漏斗架在铁圈上,关闭下端旋塞,先加入被萃取溶液,再加入萃取剂(一般为被萃取溶液体积的 1/3 左右),总体积不得超过分液漏斗容积的 3/4。塞上顶塞(顶塞不要涂抹凡士林。较大的分液漏斗塞子上有通气侧槽,漏斗颈部有侧孔,应稍加旋动,使通气槽与侧孔错开)。

(3)取下分液漏斗,先将分液漏斗倾斜,使漏斗的上口略朝下,右手捏住上口颈部,并用示指根部压紧塞子,以免盖子松开,用左手拇指、示指和中指控制漏斗的旋塞,控制旋塞的方式既要防止振摇时旋塞转动或脱落,又要便于灵活地旋开旋塞(图 2-5-6)。

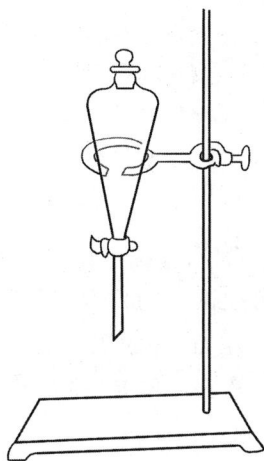

图 2-5-5 分液漏斗   图 2-5-6 振摇

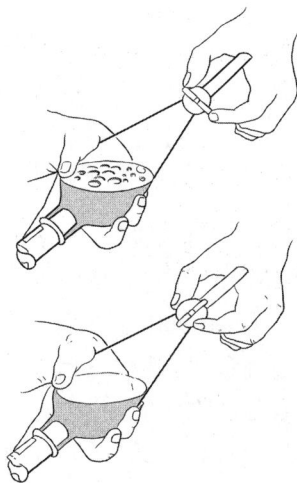

(4)轻轻振摇后,将漏斗的上口向下倾斜,下部支管斜向上方,打开活塞"放气"。如此重复几次至放气时压力很小,再剧烈振摇几次。将漏斗放回铁圈中静置。当使用低沸点溶剂如乙醚、苯或用碳酸钠溶液中和酸性溶液时,漏斗内部会产生很大的气压,要及时放出这些气体,否则因漏斗内部压力过大,会使溶液从玻璃塞子边渗出,甚至可能冲掉塞子,造成产品损失甚至是事故。每次"放气"之后,要注意关好活塞再重复振摇。振摇结束时,打开活塞做最后一次"放气",然后将漏斗重新放回铁圈上去。旋转顶塞,使出气槽对准漏斗顶部的侧孔,静置,分层。

(5)待分层清晰后,打开上面顶塞,在分液漏斗下放置一容量合适的锥形瓶,将活塞缓缓旋开,使下层液体放至锥形瓶中(图 2-5-7)。开始时可稍快一点,当分层液面接近活塞时,应稍慢一点。

(6)上层液体由上面漏斗口倒出,不可以从活塞放下,以免沾染残留在漏斗颈中的下层液体。

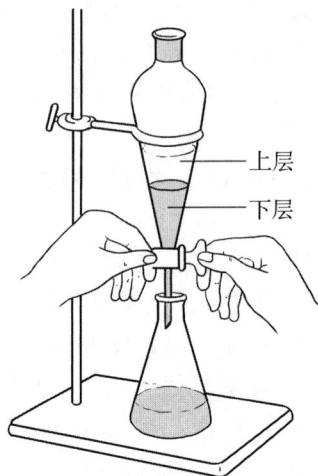

图 2-5-7　分液

第六节　称　量

称量是化学实验最基本的操作之一，常用的仪器是天平。

化学实验中的称量主要分两大类：一类是普通称量，简称称量，其称量精度要求不高，精确度在 0.1g 左右，一般用于非定量反应物质的量的称取，或粗配试剂的称取，用托盘天平就可以；一类是准确称量，其称量精度要求高，精确度至少为 1mg 左右，一般用于定量反应物质的量的称取，或基准物质的称取，所用天平称为分析天平。大多数实验室里，准确称量都要求到 0.1mg 感量，方可保证实验结果的精确性和准确性。

一、称量方法

目前实验室常用称量方法主要有 3 种：直接称量法、固定质量称量法、减重称量法。

1. **直接称量法**　天平零点调好以后，将被称物用一干净的纸条套住（也可采用戴专用手套、用镊子等方法），放在天平左秤盘中央，调整砝码使天平平衡，所得读数即为被称物的质量。这种方法适合于称量洁净干燥的器皿及其他不易潮解、风化或升华的固体样品。

2. **固定质量称量法**　此法用于称取指定质量的试样。适合于称取本身不易潮解、风化，并在空气中性质稳定的固体状试样。其步骤如下：先称出容器（如表面皿、称量瓶、称量纸）的质量，或将天平的左右两秤盘中放上大小相等，质量相近的两个称量纸或称量瓶，调节平衡螺丝使天平平衡，调节零点。然后加入固定质量的砝码于右盘中，调整游码至准确数值，再用小药勺将试样慢慢加入盛放试样的称量纸或称量瓶中，（小心地将盛有试样的小药勺伸向左秤盘的容器上方 2～3cm 处，勺的另一端顶在掌心上，用拇指、中指及掌心拿稳小药勺，并用示指轻弹勺柄），将试样慢慢转移入容器中，直至天平平衡。此操作必须十分仔细，若不慎多加了试样，用小药勺取出多余的试样，再重复上述操作直到符合要求为止。然后，取出称量纸或称量瓶，将试样定量转入接收器。

3. **减重称量法**　即称取试样的量是通过两次称量之差而求得。此法比较简便、快速、准确,在化学实验中常用来称取待测样品和基准物,是最常用的一种称量法。它与上述两种方法不同,称取样品的量只要控制在一定要求范围内即可。减重称量的特点在于可以连续称取多份样品,节省称量时间。

操作步骤:用清洁的纸条叠成约1cm宽的纸带套在称量瓶上,取称量瓶,打开瓶盖,将稍多于总需要量的试样用药勺加入称量瓶(在台秤上粗称),盖上瓶盖,拿住纸带尾部把称量瓶放到天平托盘的正中位置,关好天平门,称出称量瓶加试样的准确质量(准确到0.1mg),记下读数设为 m_1(g)。打开天平边门,左手用纸带将称量瓶从托盘上拿到接收器上方,右手用纸片夹住瓶盖柄打开瓶盖,瓶盖不能离开接收器上方。将瓶身慢慢向下倾斜,并用瓶盖轻轻敲击瓶口,使试样慢慢落入容器内,不要把试样撒在容器外。当估计倾出的试样已接近所要求的质量时(可从体积上估计),慢慢将称量瓶竖起,用盖轻轻敲瓶口,使沾附在瓶口上部的试样落入瓶内,然后盖好瓶盖,将称量瓶再放回天平托盘上称。若超重,则需重新敲击,若不超重,则不能再敲,需准确称取其质量,设此时质量为 m_2(g)。倒入接收器中的试样质量为 m_1-m_2(g),按上述方法连续操作,可称取多份试样。

二、天平的使用方法

现在实验室里常用的天平有托盘天平(感量0.1g)和电子分析天平(感量0.1mg)。

(一)托盘天平

托盘天平由底座、托盘架、托盘、标尺、平衡螺母、指针、分度盘、游码、横梁和砝码等组成,如图2-6-1所示。托盘天平主要利用的是杠杆原理,由支点(轴)在梁的中心支着天平梁而形成两个臂,每个臂上托着一个盘,固定在梁上的指针指示平衡状态,即 $F_1×L_1=F_2×L_2$。托盘天平的指针指向0刻度或左右摆幅相等即可认为达到平衡。

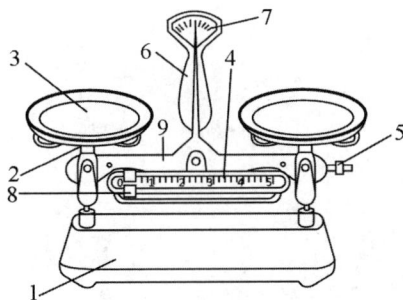

图 2-6-1　托盘天平
1. 底座;2. 托盘架;3. 托盘;4. 标尺;5. 平衡螺母;
6. 指针;7. 分度盘(刻度盘);8. 游码;9. 横梁

(1)天平放置在水平的地方,游码停在左边0刻度线。

(2)调节平衡螺母(天平两端的螺母)直至零点指针对准中央0刻度线。在称量过程中,不可再碰平衡螺母。

(3)左物右码,称量物放左托盘,砝码放右托盘。根据称量物的性状选择放在玻璃器皿或称量纸上,事先应在同一天平上称出玻璃器皿的质量,或两边各放一张称量纸后再调平衡螺丝,然后称量待称物质。

(4)砝码不可以用手拿,要用镊子夹取或戴手套拿取,防止手上的汗渍、油污污染腐蚀砝码,造成测量结果不准。使用时要轻拿轻放,游码也要用镊子拨动。称量物或砝码都要放在托盘中间位置。

(5)添加砝码应该从大到小,可以节省时间,5g以下质量由游码加减。托盘天平一般只能精确至0.1g。加减砝码并移动标尺上的游码,直至指针再次对准中央刻度线或指针两边摆动幅度一致即可认为达到平衡。

(6)过冷或过热的物体不可直接放在天平上称量。应先在干燥器内放置至室温后再称。

(7)物体的质量 = 砝码的总质量 + 游码左边在标尺上所对的刻度值。

(8)取用砝码必须用专用镊子或戴手套,取下的砝码应放在砝码盒中,称量完毕,应把游码移回零点,两个托盘叠放在左托盘架上。

(9)称量性质稳定的固体药品时,可在两个托盘上各放一张同样大小的称量纸,然后把药品放在纸上称量。

(10)易潮解或易挥发的药品,必须放在玻璃器皿里(如小烧杯、称量瓶)里称量。

(11)使用完毕,将实验仪器放回到固定位置。

(12)保养维护:托盘天平及砝码用软毛刷拂拭清扫,并保持干燥,注意加载或去载时避免冲击。称量重量不得超过最大称量值,以免造成称量误差。

(二)电子分析天平

电子天平是新一类的天平,是化学实验常用称量仪器之一。它具有称量快捷、使用方法便捷等优点。电子分析天平是电子天平的一类,其优点包括:①待称物的质量直接用数字显示,操作过程非常迅速,有去皮功能,且质量称量的准确度较高,这是它便于使用的最大优点;②有数据输出功能,可与计算机连接,实现连续多样品称量及相关计算(图 2-6-2)。

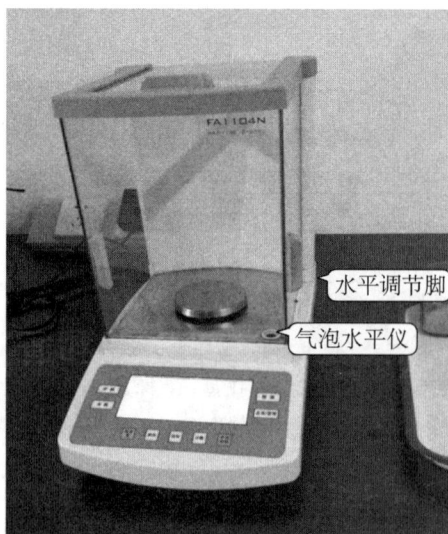

图 2-6-2 电子分析天平

1. 准备

(1)天平须放在稳定的工作台上,避免振动、气流、阳光直射和剧烈的温度波动。

(2)清洁天平,调整水平调节脚,使气泡水平仪的气泡位于水准器中心。检查左右边门是否开关灵活并关闭。

(3)接通电源前请确认当地交流电压是否与天平所需电压一致。

(4)为使称量结果准确,在进行称量前必须使天平接通电源预热至少30分钟,以达到稳定状态。

(5)称量过程中,仅取放物品时可打开边门,并随手关门,保持左右边门及顶门处于关闭状态,避免空气流动干扰数值的准确性。

(6)天平室内不可大声讨论,走动时脚步要轻,称量时身体不可靠在天平操作台上,防止台面受力变形影响分析天平的称量精度。

2. 开机/关机

(1)开机。关闭左右边门及顶门,空载下,轻按下天平"ON"键,天平进行自检(显示屏所有字段短时点亮),并显示天平型号。当天平显示"0.0000"时,即可称量。

如遇到某个功能键操作有误无法恢复时,可关机等几秒钟重新开机即可恢复正常。

(2)关机。所有称量结束后,确保秤盘空载后归零(去皮),轻按下天平"OFF"键,用天平刷清洁托盘及底座,关好边门,罩上防尘罩。天平如长期不用,请拔去电源插头。

3. 校准 为获得准确的称量结果,必须对天平进行校准。校准应在天平经过充分预热并达到工作状态后进行。

(1)遇到以下情况必须对天平进行校准。

1)首次使用天平称量之前。

2)天平改变安放位置后。

3)称量工作中定期进行。

(2)具体校准方法。

1)准备好校准用的标准砝码,确保秤盘空载。

2)按"清零/去皮"键,使天平显示归零。

3)按"校准"键,显示闪烁的"CAL—×××",(×××一般为100、150等数字,提醒使用相对应的100g、100g+50g或其他规格的标准砝码)。

将标准砝码放到称盘中心位置,天平显示"CAL……",等待十几秒钟后,显示标准砝码的重量。此时,移去砝码,天平显示归零,表示校准结束,可以进行称量了。

如天平不归零,可再重复进行一次校准工作。

因为校准操作要求细致准确,要用专用砝码,为防止误操作及损坏专用砝码,一般由教师事先校准,不要求学生操作。

4. 称量 天平经校准后即可进行称量。

打开一侧边门,轻轻将称量瓶(或称量纸)置于秤盘中心位置,关闭边门,待数值稳定后,按"清零/去皮"键,天平显示为"0.0000",再打开边门,揭开称量瓶盖放在秤盘上,将被称物少量多次地转移到称量瓶中,边加边观察,加至适宜范围时($90\% \leqslant m \leqslant 110\%$),停止转移,关闭边门,等数值稳定、显示器左下角"○"标志熄灭后才可读数。转移过程中不得有试剂洒落到秤盘上,如不小心撒到秤盘上,及时用天平刷清理干净。称量时被测物必须轻拿轻放,并确保不使天平超载,以免损坏天平的传感器。

因为分析天平的分度值较小($\leqslant 1mg$),所以在称量时,所称量的量允许有$\pm 10\%$的偏差。例如,称0.5g样品,称量值在$0.45\sim 0.55g$都是可以的。

5.其他功能键的使用

(1)"清零/去皮"键。

1)清零。当天平空载时,如显示不在零状态,可按此键,使天平显示归零。此时才可进行正常称量。

2)去皮。基准物或样品在称量时都需要使用容器(称量瓶或称量纸),可将总重量不大于天平最大称量值的容器放在秤盘上,待数值稳定后按此键,使天平归零,然后再将待称物转移到该容器里放到秤盘上,此时天平显示的结果即为上述待称物的净重,如果将容器从秤盘上取走,则皮重(即容器的重量)以负值显示,皮重将一直保留到再次按键或关机为止。

注意:使用去皮功能时,容器和待称物的总重不可大于天平的最大称量值。

(2)积分时间调整键和灵敏度调整键(学生操作时一般不做要求或不得调整)。

"INT"键或"ASD"键可分别选择4种不同的模式,"INT"键操作方法:按住键不放,直到显示"INT—1""INT—2"" INT—3" 或"INT—0"为止。"ASD"键操作方法相同。"INT"键一般应与"ASD"键配合使用,通常有以下4种组合方式。

INT—1 ASD—2,较快称量速度(在允许降低读数精度以加快称量过程时使用)

INT—3 ASD—2,正常称量速度(出厂设置的正常读数精度工作状态)

INT—3 ASD—3,较慢称量速度(因环境不理想造成天平显示不稳定时使用)

INT—0 ASD—0,生产调试时使用的模式,用户不宜使用。

(3)"计数"键。

应用此键可对一组单件重量较轻而且偏差较小的物件进行计数(建议单件重量$\geqslant 10d$,d为实际标尺分度值)。

计件时必须先设定一个参考样本,参考样本的件数越多,计数准确性越高。

按住键不放,直到显示COU—1、COU—2、COU—3或COU—4为止(对应的样本数分别为5、10、25、50)。

注意:天平室温度应相对稳定,一般控制在$18\sim 26℃$,保持恒湿,相对湿度为$30\%\sim 65\%$。天平室电源要求相对稳定,接地要好,电压变化要小。天平室内只可存放与称量有关的物品,不得存放其他物品和药品试剂,腐蚀性的液体和挥发性固体应放在密闭容器内称量,称量好后及时带离。

第三章 基础性实验

实验一 天平称量练习

一、实验目的

(1)掌握托盘天平与电子分析天平的调节及正确使用方法。

(2)了解各种天平的各部件名称、构造及使用注意事项。

(3)熟悉两种常用的称量方法,并能根据实际情况选择合适的称量方法。

二、实验原理

目前实验室常用称量方法主要有两种:直接称量法和减重称量法。

直接称量法:就是把供试品直接加在预先平衡好的称量纸或称量瓶里,称出供试品的质量。

减重称量法:供试品放在称量瓶里(这里不可以用称量纸),置于盘上称重,然后移出所需的量,再称剩余的供试品和称量瓶的质量,两次称量之差即为所需的供试品质量。减重称量的特点在于可以连续称取多份样品,节省称量时间。

三、仪器与试剂

1. 药品 无水碳酸钠。
2. 仪器 小烧杯、托盘天平、电子分析天平、称量瓶、称量纸等。

四、实验方法

(一)托盘天平使用方法

(1)天平用软毛刷拂拭清扫,放置在水平的地方,两边各放一张称量纸,调节零点,使指针停在"0"刻度上。注意,称量纸不可以接触到天平的其他部位。

(2)游码调至 0.3 g 位置,用药匙少量多次往左盘上加无水 Na_2CO_3,边加边观察,直至指针再度指到"0"刻度处。注意,试剂不能洒出来,可事先将称量纸对折两次或折出竖边。同时注意不要让气流干扰天平工作。

(二)电子分析天平的操作步骤

(1)天平放在稳定的工作台上,清洁天平,调整水平调节脚,检查气泡水平仪的气泡是否位于水准器中心,检查左右边门是否开关灵活并关闭。

(2)接通电源预热 30 分钟后,空载下,天平进行自检(显示屏所有字段短时点亮),并显示天平型号,当天平显示归零时,按"去皮"键去皮。

(3)打开边门,取一盛有 Na_2CO_3 样品的干净称量瓶放在天平秤盘中心,关上边门,等数值稳定,读取数值 m_1,保留到小数点后四位。

(4)打开边门,将称量瓶取出,在接收器(锥形瓶或烧杯,注意编号)上方,倾斜瓶身,用称量瓶盖轻轻敲瓶口使试样慢慢落入接收器中。当倾出的试样接近所需量(通常从体积上估计或试重得知)时,一边继续用瓶盖轻敲瓶口,一边逐渐将瓶身竖立,使黏附在瓶口上的试样落回称量瓶内,然后盖上瓶盖。把称量瓶放回天平盘,关上边门,等数值稳定,准确记录数值 m_2。

$\Delta m = m_1 - m_2$,即为移出的 Na_2CO_3 质量。Δm 须在允许范围内。

称量 3 份样品。

样品全部称量结束后,确保秤盘空载后归零(去皮),按关机("OFF")键,罩上天平罩。天平如长期不用,须拔去电源插头。

五、实验结果

实验结果记录于表 3-1-1 和表 3-1-2。

表 3-1-1　托盘天平的称量记录

参数	1	2	3
$m_{Na_2CO_3}$			
$R\bar{d}$			

表 3-1-2　电子分析天平称量记录

参数	1	2	3
m_1			
m_2			
$m_{Na_2CO_3}$			

六、注意事项

(1)天平进行称量前要检查状态并清洁,防止托盘上有其他物质干扰称量精度。

(2)称量时必须等显示器左下角"○"标志熄灭后才可读取读数,称量时被测物必须轻拿轻放,并确保不使天平超载,以免损坏天平的传感器。

(3)分析天平称量基准物质或样品时,称量质量须在 $90\% \sim 110\%$,如果称量质量 ≤90% 或 ≥110% 时须弃去重称。

七、思考题

(1)为什么记录称量数据时电子天平两侧的门不能打开？

(2)如何称量氢氧化钠固体？

实验二 滴定分析仪器和基本操作

一、实验目的

(1)学习常用滴定分析仪器的洗涤方法。

(2)熟悉滴定管、移液管、容量瓶的使用方法。

(3)学会滴定的基本操作。

二、实验原理

滴定分析法是把已知准确浓度的试剂溶液(标准溶液)滴加到待测物质溶液中,标准溶液与待测组分按化学计量关系定量反应完全为止,根据滴加的标准溶液的浓度和体积,计算待测组分浓度或含量的方法。

滴定分析法中常用的仪器很多,其中能准确量取溶液体积或者定量量取溶液体积的玻璃仪器主要有滴定管、移液管和容量瓶。

滴定管由具有准确刻度的细长玻璃管及控制开关组成,是用来进行滴定的玻璃量器,滴定时可准确测量管中流出溶液的体积。滴定管一般分为 3 种:一种是下端带有玻璃活塞的酸式滴定管,可盛放酸性或氧化性溶液;另一种是碱式滴定管,其下端连接一段乳胶管,内放玻璃珠以控制溶液流出,乳胶管下端再连接一个尖嘴玻璃管,用于盛放碱性溶液,不能用来盛放氧化性溶液、碘和硝酸银溶液等,因为这些溶液能与橡胶起反应;还有一种是下端带有聚四氟乙烯材料活塞的酸碱两用滴定管,能耐酸、碱溶液腐蚀,既可以盛放酸性或氧化性溶液,也可以盛放碱性溶液,目前这种滴定管使用比较广泛。一般常量分析所用的滴定管规格包括 10、25、50ml,其最小刻度为 0.1ml。

移液管又称吸量管,是用于准确量取一定体积溶液的玻璃量器。移液管有两种形状,中间有一膨大部分、下端为细长尖嘴的称为腹式移液管,又称胖肚移液管,常用的规格有 5 、10、20、25、50ml 等几种,该移液管的颈上方只有一个刻度,溶液到刻度即是移液管所标的体积;另一种是直形的,管上标有很多刻度,称为刻度吸量管,常用规格有 1、2、5、10ml 等。

容量瓶是一种细颈梨形的平底玻璃瓶,带有塑料塞或磨口塞子,颈上有标线,表示在所指示的温度下,液体充满到标线时,液体体积与瓶子上所标注的体积相等,主要用于准确配制一定浓度的溶液。常用规格有 10、25、50、100、250、500、1000ml 等。

常用滴定分析仪器如图 3-2-1～3-2-3 所示。

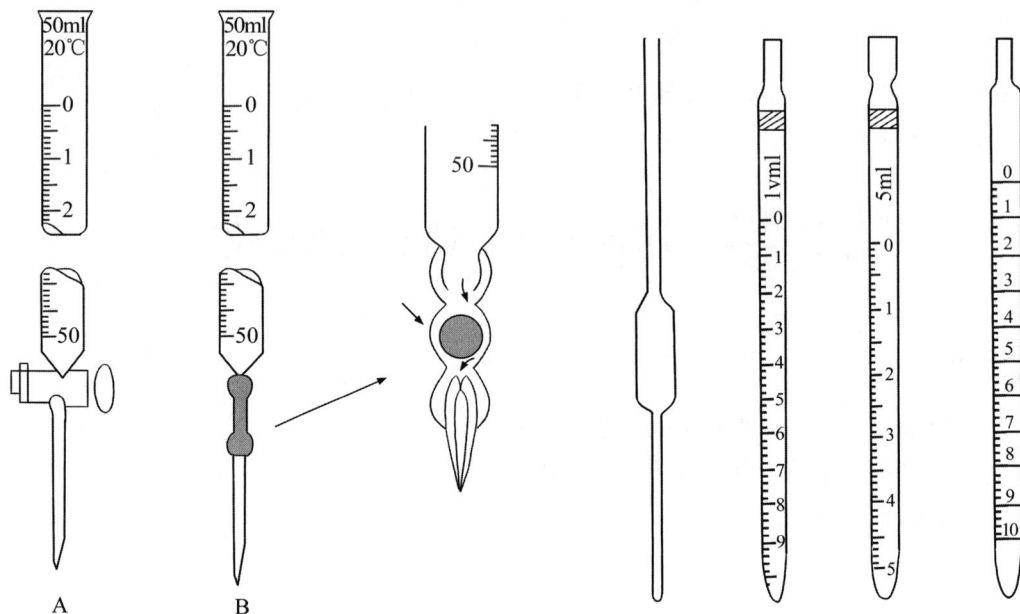

图 3-2-1 滴定管
A. 酸式滴定管;B. 碱式滴定管

图 3-2-2 移液管

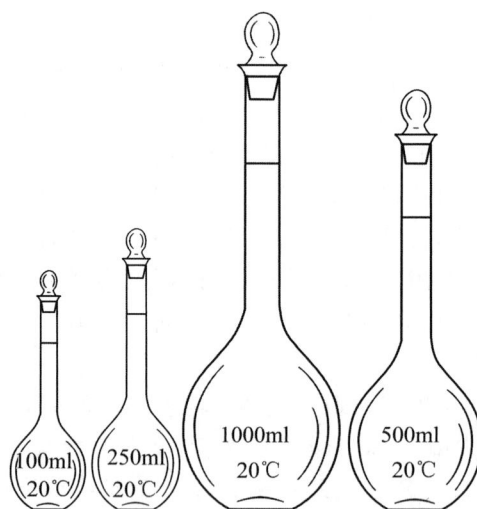

图 3-2-3 容量瓶

三、仪器与试剂

1. **药品** 氢氧化钠(0.1mol/L)、盐酸(0.1mol/L)、酚酞指示剂(0.1%)、甲基橙指示剂(0.1%)。

2. **仪器** 酸式滴定管(50ml)、碱式滴定管(50ml)、锥形瓶(250ml)、移液管(20ml)、吸量管(10ml)、量筒(100ml)、烧杯(100ml)、容量瓶(100ml)、洗耳球、洗瓶。

四、实验方法

1. 滴定管的使用

（1）检漏。酸式滴定管使用前应检查活塞转动是否灵活，然后检查是否漏水。检漏的方法是先将活塞关闭，在滴定管内盛满水，擦干滴定管外部，夹在滴定管夹上，直立放置 2 分钟，观察管口及活塞两端是否有水渗出；再将活塞转动 180°，放置 2 分钟，看是否有水渗出。如无渗水现象，活塞转动也灵活，即可洗净使用，否则应涂抹凡士林。

滴定管的使用

活塞涂凡士林的操作：取下活塞，用滤纸将活塞和活塞套内的水擦干，用手指均匀地涂一薄层凡士林于活塞的两头（小心不要让凡士林堵住塞孔），然后将活塞插入活塞套中，向同一方向不断旋转活塞，直至转动部分均匀透明，最后用橡皮圈套住活塞末端，以防活塞脱落。

碱式滴定管则要检查玻璃珠的大小和乳胶管的内径是否匹配，是否漏水，能否灵活控制液滴的大小和流出速度，如不符合要求，应重新装配。

（2）洗涤。滴定管可先用自来水冲洗，如管壁挂有水珠，说明没有清洗干净，可用滴定管刷蘸肥皂水或洗涤剂洗刷，但不能用去污粉，也可用铬酸洗液清洗，之后用自来水冲洗干净，清洗干净的滴定管应该均匀地润有水膜，不应该挂有水珠，否则必须重新清洗。清洗碱式滴定管则要先去掉乳胶管，然后再加洗液浸泡，用洗液洗后再用自来水冲洗干净。

（3）装液。装入标准溶液之前，干净的滴定管先用纯化水冲洗 2～3 次，再用待装溶液润洗 2～3 次，以除去滴定管内的残留水分。润洗时，两手平端滴定管，慢慢转动滴定管，让溶液遍及全管内壁，然后从两端放出。润洗后，将标准溶液直接倒入滴定管中，并使液面在滴定管"0"刻度以上。

（4）排气泡。滴定管装满溶液后，应检查管尖嘴部分是否留有气泡，是否充满溶液。若是酸式滴定管有气泡时，可使滴定管倾斜 30°，左手迅速打开活塞，使溶液冲出管尖，反复数次，一般可以除去气泡。若是碱式滴定管，则使乳胶管向上弯曲，玻璃尖嘴斜向上方，用两指挤压玻璃珠，使溶液从尖嘴处喷出，气泡也随之排出。除去气泡后重新补充溶液，调节液面至"0"刻度。

（5）滴定操作。滴定时，将滴定管垂直地夹在滴定管架上，左手控制滴定管滴加溶液，右手振摇锥形瓶。

使用酸式滴定管时，应用左手握住滴定管，环指和小指向手心弯，环指轻轻靠住出口管部分，拇指、示指和中指分别放在活塞柄上部和下部，控制活塞转动，如图 3-2-4 所示。注意不要向外用力，以免推出活塞造成漏水，应使活塞稍有一点向手心的回力。

使用碱式滴定管时，仍以左手握管，拇指在前，示指在后，其余三指辅助夹住出口管。用拇指和示指捏住玻璃珠所在位置，通常向右边挤压乳胶管，使溶液从玻璃珠旁的空隙处流出（图 3-2-5）。

滴定前必须去掉滴定管尖端悬挂的残余液滴读取初读数。滴定一般在锥形瓶中进行，用右手的拇指、示指和中指拿住锥形瓶，滴定管下端伸入瓶口约 1cm。左手握住滴定管滴加溶液，右手摇动锥形瓶，使溶液做圆周运动，边滴边摇。注意滴定管尖不能碰到锥形瓶内壁。无论用何种滴定管都必须掌握不同的加液速度，即开始时可以连续滴加（注意溶液不可成线流下），快到滴定终点时，将溶液逐滴加入，甚至是半滴加入。用酸式滴定管时，可轻轻转动活塞，使溶液悬挂在管尖嘴上，用锥形瓶内壁将其沾落，再用洗瓶吹洗，形成半滴。对于碱式滴定管，

加入半滴溶液时,应轻挤乳胶管使溶液悬挂在管尖嘴上,松开拇指与示指,用锥形瓶内壁将其沾落,再用洗瓶吹洗。

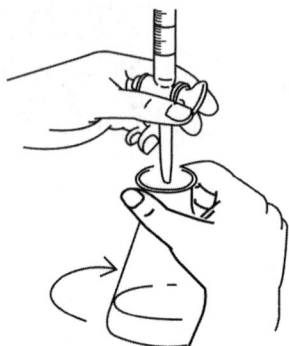

图 3-2-4　酸式滴定管操作　　　　　　　图 3-2-5　碱式滴定管操作

　　(6)读取读数。读取读数时应将滴定管从滴定管架上取下,使滴定管保持垂直,视线与液面处于同一水平面上。管内的液面呈弯月形,对于无色或浅色溶液,可读弯月面下缘实线最低点,对于有色溶液,如 $KMnO_4$、I_2 等,其弯月面不够清晰,可读弯月面两侧最高点。初读数与终读数必须按同一方法读取(图 3-2-6)。

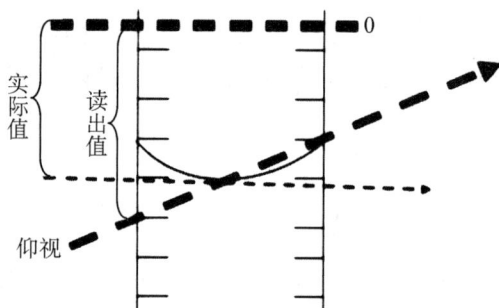

图 3-2-6　滴定管读数

　　2. 容量瓶的使用
　　(1)检漏。容量瓶在使用之前应检查是否漏水,检漏方法是在容量瓶中先装入约 2/3 的水,盖好瓶塞,擦干外壁,用左手示指按住塞子,其余手指拿住瓶颈标线以上部分,右手托住瓶底边缘,将瓶倒立 1~2 分钟,如不漏水,将瓶直立,然后再转动瓶塞 180°,再次使容量瓶倒立 1~2 分钟,如仍不漏水,即可使用(图 3-2-7)。不同容量瓶的磨口塞不能互换。
　　(2)洗涤。先用自来水冲洗内壁,倒出水后,如内壁不挂水珠,即可用纯化水冲洗备用,否则需用洗液进行洗涤,洗液洗涤完毕,用自来水冲洗,最后用纯化水冲洗内壁 3 次以上即可。注意容量瓶不能用毛刷刷洗。

容量瓶的使用

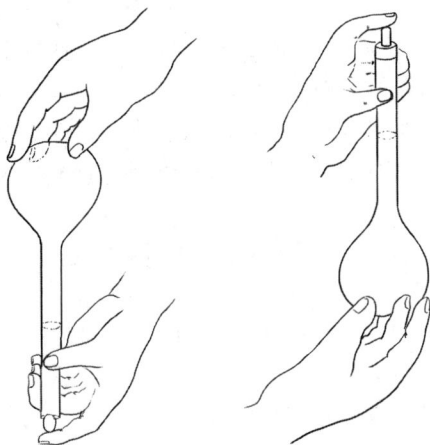

图 3-2-7　容量瓶检漏方法

（3）转移溶液。欲将固体物质配成一定体积的溶液时，需先把准确称量好的固体置于已洗净的小烧杯中，溶解后方能定量转移到容量瓶中。如果固体不易溶解，可加热使其溶解，但应注意冷却至室温后方可转入容量瓶中。转移时一手拿玻璃棒，一手拿烧杯，烧杯口应紧靠玻璃棒，玻璃棒的下端应靠瓶颈内壁，棒的上部不要碰到瓶口（即，上悬空，下碰壁），使溶液沿玻璃棒流入瓶内。溶液全部流完后，将烧杯沿玻璃棒稍微向上提起，同时使烧杯直立，使附在玻璃棒与烧杯嘴之间的溶液流回烧杯，再将玻璃棒末端残留的液滴靠入瓶口内，然后将玻璃棒放回烧杯内，但不能将玻璃棒靠在烧杯嘴一边。最后用纯化水冲洗玻璃棒和烧杯内壁，洗液一并转移至容量瓶中，一般应重复 3 次以上，以保证定量转移。继续往容量瓶中加水至容量瓶容积约 2/3 时，直立旋转摇动容量瓶，使溶液初步混匀（此时切勿加塞倒立容量瓶）。当加水至近标线时，要用胶头滴管逐滴加入，直到溶液弯月面下端与标线相切为止，塞好瓶塞，倒转容量瓶充分振摇，待气泡上升至顶部后，再倒转过来，如此反复操作几次，即可使溶液全部混合均匀。容量瓶定量转移操作见图 3-2-8。

3. 移液管的使用

（1）洗涤。移液管是带有精确刻度的容量仪器，在洗涤时不宜用刷子刷洗。应先用自来水淋洗，若内壁仍挂水珠，则用洗液洗涤，最后再用自来水和纯化水淋洗。

（2）润洗。使用前，应先用少量待移取溶液润洗移液管 2～3 次，润洗时吸取少量待移取溶液，手持移液管水平转动，使溶液浸润整个移液管内壁，润洗过的溶液应从管尖放出、弃去。

（3）移液。吸取时，应左手持洗耳球，将洗耳球内的空气排出，右手的拇指和中指拿住移液管标线以上部分，将管直接插入待吸液液面下 1～2cm 处，然后吸耳球对准移液管口，慢慢松开洗耳球，使溶液吸入管中。吸液时，应注意容器中液面和管尖的位置，应使管尖随液面下降而下降。当液面上升至标线以上时，迅速移

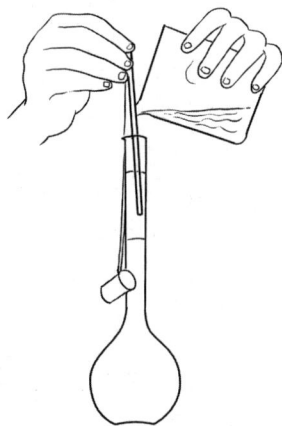

图 3-2-8　定量转移操作

去洗耳球,用右手示指堵住管口,将移液管提离液面,稍松示指,使液面缓缓下降至弯月面下端与标线相切,按紧管口,使溶液不再流出。移出移液管,用滤纸擦干移液管下端外壁溶液。与此同时,左手改拿盛放待吸液的容器,并将容器倾斜约 30°,移液管垂直,使管尖与容器内壁紧贴,松开右手示指,使溶液顺器壁全部自由流下。待溶液流尽后,再停 15 秒左右,取出移液管,此时可见管尖部位仍留有少量溶液。对此,除特别注明"吹"字的移液管以外,一般此管尖部位留存的溶液是不能吹入接液容器中的(因为在校准移液管体积时,没有把这部分液体算在内)。

　　4. 滴定练习

　　(1)0.1mol/L HCl 溶液滴定 0.1mol/L NaOH 溶液。取已经清洗干净的酸式滴定管 1 支,用少量 0.1mol/L HCl 溶液润洗 3 次,然后装入 HCl 溶液,排除气泡,调整至"0"刻度。取洗净的 20ml 移液管 1 支,用少量 0.1mol/L NaOH 溶液润洗 3 次,移取 20.00ml NaOH 溶液,置于 250ml 锥形瓶中,加甲基橙指示剂 1～2 滴,用 0.1mol/L HCl 溶液滴定,滴定至溶液由黄色变为橙色即为终点,记下消耗的 HCl 溶液体积。平行滴定 3 次,每次消耗的 HCl 溶液体积相差不得超过 0.04ml。

　　(2)0.1mol/L NaOH 溶液滴定 0.1mol/L HCl 溶液。取洗净的碱式滴定管 1 支,用少量 0.1mol/L NaOH 溶液润洗 3 次,装入 NaOH 溶液,排除气泡,调整至"0"刻度。取洗净的 20ml 移液管 1 支,用少量 0.1mol/L HCl 溶液润洗 3 次,移取 20.00ml HCl 溶液,置于 250ml 锥形瓶中,加酚酞指示剂 2 滴,用 0.1mol/L NaOH 溶液滴定,滴定至溶液显微红色且 30 秒不褪色即为终点,记下消耗的 NaOH 溶液体积。平行滴定 3 次,每次消耗的 NaOH 溶液体积相差不得超过 0.04ml。

五、注意事项

　　(1)滴定管、移液管、容量瓶是具有准确刻度的精密玻璃仪器,不能使用毛刷刷洗,不能加热,也不能盛放热溶液,以免影响刻度的准确性。

　　(2)滴定管装溶液时,标准溶液要直接从试剂瓶倒入滴定管中,不能经过其他容器转移,以免影响标准溶液的浓度。

　　(3)每次滴定最好都从"0"刻度开始,这样可减少滴定管刻度不均引起的误差。

　　(4)滴定时,左手始终不能离开滴定管,不能使溶液"放任自流",并且要注意观察液滴落点周围的颜色变化,不要只注意滴定管刻度变化,而不顾及滴定反应的进行。

　　(5)在滴定过程中,滴定管尖始终都不能有气泡,否则会影响读数结果。

　　(6)读数时,必须读至小数点后第二位,即要求估计到 0.01ml。

　　(7)容量瓶不宜长期保存试剂溶液,特别是碱性溶液。用毕应立即清洗干净,并在瓶塞与瓶口之间用纸片隔开,以防止瓶塞粘住无法打开。

　　(8)用移液管移取溶液时,一定要使用洗耳球吸取溶液,不可用嘴吸取。

　　(9)使用移液管时,应右手拿移液管,左手拿洗耳球,移液到一定位置时,应用右手示指堵住管口,不能用拇指。

　　(10)用移液管移取溶液时需伸入液面下 1～2cm 处。管尖不应伸入太浅,以免液面下降后造成吸空;也不应伸入太深,以免移液管外部附有过多的溶液。

六、思考题

　　(1)滴定管、移液管装液前为什么要用待装液润洗? 容量瓶是否需用待装液润洗? 为什么?

（2）滴定管如何检漏？如果漏水，如何处理？

实验三 溶液的配制

一、实验目的

（1）掌握一般溶液的配制方法和基本操作。

（2）练习移液管、容量瓶的使用方法。

（3）掌握用不同方法配制一定量浓度的溶液的定量计算关系，并能由固体试剂或较浓的已知浓度的溶液配制准确浓度的溶液。

溶液的配制

二、实验原理

在实验中常常需要配制各种浓度的溶液来满足不同实验的要求。如果实验对溶液浓度的准确性要求不高，一般可利用托盘天平、量筒等低准确度的仪器粗略配制溶液。如果实验对溶液浓度的准确性要求较高，如定量分析实验，就必须使用分析天平、移液管、容量瓶等高准确度的仪器准确配制溶液。无论是粗配还是精配一定体积、一定浓度的溶液，首先要计算所需试剂的用量，包括固体试剂的质量或液体试剂的体积，然后再进行配制。不同浓度的溶液配制步骤如下。

1. 由固体试剂粗略配制一定浓度的溶液　先计算出配制一定质量分数、一定体积的溶液所需固体试剂质量，用托盘天平准确称取，然后倒入带刻度的烧杯中溶解，再用量筒量取所需蒸馏水，也倒入烧杯，用玻璃棒搅拌，使固体完全溶解即得所需溶液，将溶液倒入试剂瓶中，贴上标签备用。

2. 由固体试剂准确配制一定浓度的溶液　先计算出配制给定体积和准确浓度的溶液所需固体试剂的质量，并在分析天平上准确称出，放入干净烧杯中，加适量的蒸馏水并用玻璃棒不断搅拌，使其完全溶解。将溶液转移至给定体积的容量瓶中，用少量蒸馏水洗涤烧杯 2～3 次，冲洗液也移入容量瓶中，再加蒸馏水至靠近标线 1～2cm 处，用胶头滴管定容至凹液面与标线水平，盖上塞子，将溶液摇匀即成所配溶液，然后将溶液移入试剂瓶中，贴上标签备用。

3. 由液体试剂（或浓溶液）粗略配制溶液　先计算出配制一定物质的量浓度的溶液所需液体（或浓溶液）体积，用小量筒量取所需的液体（或浓溶液），倒入大量筒中加水稀释至所需刻度。搅动使其混匀，然后移入试剂瓶中，贴上标签备用。

4. 由液体试剂（或浓溶液）准确配制溶液　当用较浓的准确浓度的溶液配制较稀准确浓度的溶液时，先计算所需浓溶液的体积，然后用处理好的移液管吸取所需溶液，注入给定体积的洁净的容量瓶中，再加蒸馏水至靠近标线 1～2cm 处，用胶头滴管定容至凹液面与标线水平，摇匀后倒入试剂瓶中，贴上标签备用。

三、仪器与试剂

1. 药品　浓盐酸、草酸[$H_2C_2O_4 \cdot 2H_2O(s)$]。

2. 仪器　托盘天平、分析天平、移液管、容量瓶、量筒。

四、实验方法

1. 用 20ml 浓盐酸粗略配制成 1:3(体积比)的盐酸　实验步骤如下。

(1)先用量筒取 40ml 的水倒入烧杯中。

(2)再用量筒取 20ml 的浓盐酸倒入烧杯中,用玻璃棒搅拌,放置至室温。

(3)再用量筒量取 20ml 的水倒入烧杯中,继续用玻璃棒搅拌均匀。

(4)转移至试剂瓶中,贴上标签备用。

2. 准确配制 250ml 0.05mol/L 的草酸标准溶液　实验步骤如下。

(1)先计算所需草酸$[H_2C_2O_4 \cdot 2H_2O(s)]$的质量。

溶液中所含溶质的质量:

$$m = cVM = 0.05 \times 0.25 \times 90 = 1.125g$$

$H_2C_2O_4 \cdot 2H_2O$ 中 $H_2C_2O_4$ 的质量分数:

$$\omega = \frac{90}{160} = 0.71$$

所需 $H_2C_2O_4 \cdot 2H_2O$ 的质量:

$$m = \frac{1.125}{0.71} = 1.58g$$

(2)用电子天平准确称取所需要的草酸。

(3)配制草酸溶液。用适量的蒸馏水使烧杯中的草酸溶解,将溶液沿玻璃棒小心地移入 250ml 容量瓶中,再从洗瓶中挤出少量水淋洗烧杯及玻璃棒 2～3 次,并将每次淋洗的水注入容量瓶中,最后用滴管慢慢加水至刻度,摇匀。

五、注意事项

(1)定容时注意视线与刻度线水平,刻度线与溶液凹液面相切。

(2)摇匀后静置,液面将低于刻度线,此时不需要补加蒸馏水。

(3)容量瓶瓶塞是配套的,不能随便调换。

六、思考题

(1)用容量瓶配制溶液时,需不需要把容量瓶干燥?需不需用被稀释溶液洗 3 遍,为什么?

(2)如果使用已失去部分结晶水的草酸晶体配制溶液,是否会影响该溶液浓度的精确度,为什么?

实验四　粗盐的提纯

一、实验目的

(1)掌握溶解、过滤、蒸发等实验操作技能。

(2)掌握粗盐提纯的方法、原理和有关离子鉴定的方法。

（3）体会过滤的原理,在生产、生活等社会实际中的应用。

二、实验原理

一般情况下,无机盐类的难溶性杂质可采用溶解后过滤的方法除去,易溶性杂质离子可以转化为难溶性沉淀然后再过滤除去,少数可溶性杂质离子可以利用溶解度的差异,采用结晶、重结晶的方法除去,从而得到试剂级的产品。

粗盐中含有泥沙等不溶性杂质可以用过滤的方法除去,粗盐中含有的可溶性杂质如 SO_4^{2-}、Mg^{2+}、Ca^{2+} 则可通过依次加入 $BaCl_2$、$NaOH$ 和 Na_2CO_3 溶液,生成沉淀而除去,也可加入 $BaCO_3$ 固体和 $NaOH$ 溶液来除去。然后蒸发水分得到较纯净的精盐。反应原理如下。

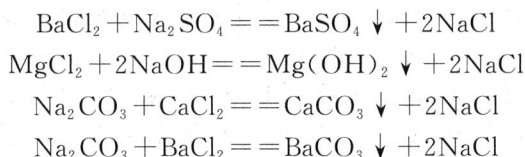

$$BaCl_2 + Na_2SO_4 === BaSO_4\downarrow + 2NaCl$$
$$MgCl_2 + 2NaOH === Mg(OH)_2\downarrow + 2NaCl$$
$$Na_2CO_3 + CaCl_2 === CaCO_3\downarrow + 2NaCl$$
$$Na_2CO_3 + BaCl_2 === BaCO_3\downarrow + 2NaCl$$

三、仪器与试剂

1. 药品　粗盐、$BaCl_2$ 溶液（1mol/L）、$NaOH$ 溶液（2mol/L）、Na_2CO_3 溶液（1mol/L）、盐酸（2mol/L）、pH 试纸。

2. 仪器　托盘天平（含砝码）、烧杯、量筒、玻璃棒、药匙、漏斗、滤纸、铁架台（带铁圈）、蒸发皿、酒精灯、坩埚钳、胶头滴管、研钵、离心试管。

四、实验方法

（1）用托盘天平称取 5.0g 粗盐,放入 100ml 的烧杯中,用量筒量取 30ml 水倒入烧杯,加热并用玻璃棒搅拌,加快其溶解,溶液中的少量不溶性杂质待下一步一并滤去。

（2）加入过量 1mol/L 的 $BaCl_2$ 去除 SO_4^{2-},可用如下方法检验 SO_4^{2-} 是否沉淀完全:取约 2ml 溶液冷却,离心,再往离心管中滴加 1mol/L 的 $BaCl_2$ 溶液,如未见溶液浑浊,则说明 SO_4^{2-} 沉淀完全。沉淀完全后为了使沉淀颗粒长大而易于沉降和过滤,需要继续煮沸约 3 分钟,然后趁热常压过滤,除去 $BaSO_4$ 沉淀和其他杂质。

（3）加入过量 2mol/L 的 $NaOH$ 去除 Mg^{2+},再加入过量 1mol/L 的 Na_2CO_3,去除 Ca^{2+} 及 $BaCl_2$ 中的 Ba^{2+},Na_2CO_3 的用量一定要将所有的 Ba^{2+} 除去,可使用 pH 试纸控制加入量。同上方法检验沉淀是否完全。趁热常压过滤,弃去沉淀。

（4）向滤液中加入适量 1mol/L 的 HCl 除去过量 $NaOH$、Na_2CO_3,可选择用 pH 试纸控制加入的量,使 pH 达 3～5,用小火加热蒸发,浓缩至黏稠状为止,不可蒸干。冷却,减压抽滤至抽干。

（5）将晶体转入蒸发皿中,用小火干燥,冷却,称重,计算产率。将提纯后的氯化钠与粗盐做比较,计算精盐的产率。

五、注意事项

1. 常压过滤操作要点　过滤时要注意"一贴、二低、三靠"。

（1）"一贴"。是指滤纸折叠角度要与漏斗内壁口径吻合,使湿润的滤纸紧贴漏斗内壁而无气泡,因为如果有气泡会影响过滤速度。

(2)"二低"。一是指滤纸的边缘要稍低于漏斗的边缘;二是指在整个过滤过程中还要始终注意到滤液的液面要低于滤纸的边缘。这样可以防止杂质未经过滤而直接流到烧杯中,避免未经过滤的液体与滤液混在一起,从而使滤液浑浊,达不到过滤的目的。

(3)"三靠"。一是指待过滤的液体倒入漏斗中时,盛有待过滤液体的烧杯嘴要靠在倾斜的玻璃棒上(玻璃棒引流),防止液体飞溅和待过滤液体冲破滤纸;二是指玻璃棒下端要轻靠在三层滤纸处以防碰破滤纸(三层滤纸一边比一层滤纸那边厚,三层滤纸不易被弄破);三是指漏斗的颈部要紧靠接收滤液的容器内壁,以防液体溅出。

2.蒸发的具体过程

(1)把得到的澄清滤液倒入蒸发皿。把蒸发皿放在铁架台的铁圈上,用酒精灯加热。同时用玻璃棒不断搅拌滤液(使其均匀受热,防止液体飞溅)。

(2)等到蒸发皿中出现大量固体时,停止加热。利用蒸发皿的余热将滤液蒸干。

六、思考题

(1)为什么选用 $BaCl_2$、$NaOH$、Na_2CO_3 作沉淀剂而不用其他钡盐、强碱溶液或碳酸盐除去 SO_4^{2-}、Mg^{2+}、Ca^{2+} 和 Ba^{2+}?

(2)为什么先除去 SO_4^{2-},后除去 Mg^{2+} 和 Ca^{2+},除去的顺序能否颠倒?

(3)加热浓缩时,为什么不能将溶液蒸干?

实验五 萃 取

一、实验目的

(1)学习萃取法的基本原理和方法。
(2)学习分液漏斗的使用方法。

二、实验原理

萃取是利用物质在两种互不相溶的溶剂中溶解度的差异来分离混合物的一种方法。可分为液体的萃取和固体物质的萃取,固体物质的萃取常用长期浸渍法或索氏提取器。通常说的萃取大多是指液体萃取,本实验主要讲解液体的萃取。

萃取

萃取首先要选择萃取剂,萃取剂的选择要根据被萃取物质在此溶剂中的溶解度而定,同时要易于和溶质分离开。一般水溶性较小的物质可用石油醚萃取,水溶性较大的可用苯或乙醚萃取,水溶性极大的用乙酸乙酯萃取。

萃取过程中液体分为两相,所以萃取也属于两相间的传质过程。将一定量萃取剂加入原料液中,然后使原料液与萃取剂充分混合,由于溶质在萃取剂和原溶剂之间的溶解度不同,所以溶质通过相界面由原料液向萃取剂中扩散。在实验中应用最多的是水溶液中物质的萃取。

实验室中常用分液漏斗来完成此操作。常用的分液漏斗有球形、锥形和梨形3种。分液漏斗的大小应选比欲萃取液体体积大一倍以上者。萃取可以采用一次萃取,也可以采用多次萃取。

三、仪器与试剂

1. **药品**　冰醋酸与水的混合溶液(冰醋酸:水＝1:19)、乙醚。
2. **仪器**　分液漏斗、锥形瓶、烧杯、移液管、量筒、带铁圈的铁架台。

四、实验方法

(一)以乙醚从醋酸水溶液中萃取醋酸

(1)一次性30ml乙醚萃取乙酸。

(2)进行多次萃取,乙醚量为每次10ml,萃取3次。

(二)实验操作步骤

1. 一次萃取法

(1)实验前一般应先检查分液漏斗下部的活塞是否紧密、是否渗漏,确认不漏水后方可使用。如果渗漏,在离活塞孔稍远的地方均匀地涂一层凡士林,注意不要堵住活塞孔。塞好之后旋转几圈,使凡士林分布均匀。然后将分液漏斗放在铁圈中,关好活塞。

(2)用移液管准确量取10ml冰醋酸与水的混合液自上口倒入漏斗中,30ml乙醚也自上口倒入漏斗中。

(3)用右手示指将漏斗上端的玻塞顶住,用拇指、示指及中指握住漏斗,转动左手的示指和中指蜷握在活塞柄上,使振荡过程中玻塞和活塞均夹紧,上下轻轻振荡分液漏斗,每隔几秒钟放气,以平衡内外压力。重复操作2~3次后,再剧烈振摇2~3分钟,使两不相溶的液体充分接触,提高萃取的收率操作。分液漏斗的排气操作见图3-5-1。

(4)将分液漏斗置于铁圈上,当溶液分成两层后,小心旋开活塞,放出下层水溶液于接收容器(锥形瓶或烧杯)中,把上层乙醚层从分液漏斗上端倒出,切不可从下端放出(图3-5-2)。

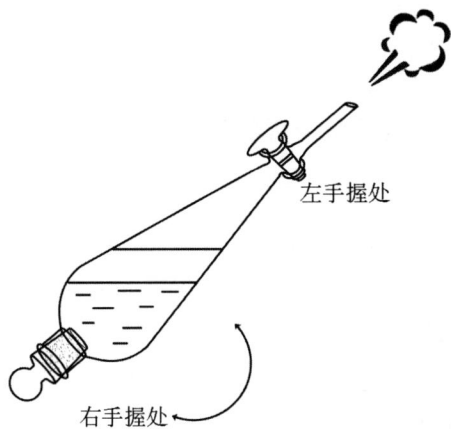

图3-5-1　分液漏斗的排气操作

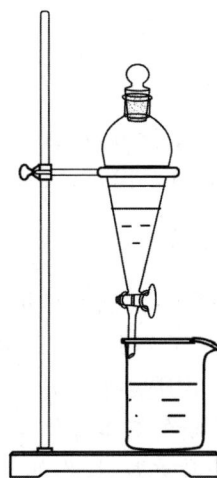

图3-5-2　溶液的萃取

2. 多次萃取法

(1)准确量取 10ml 冰乙酸与水的混合液置于分液漏斗中,用 10ml 乙醚如上法萃取,分出乙醚溶液。

(2)将水溶液再用 10ml 乙醚萃取,分出乙醚溶液。

(3)将第二次剩余的水溶液再用 10ml 乙醚萃取,如此共 3 次。

(4)比较两种方法的萃取效果。

五、注意事项

(1)使用分液漏斗前要检查玻塞和活塞是否紧密。

(2)倒置振荡时,应左手握住活塞部分,右手压住分液漏斗口部。

(3)放液时应将分液漏斗的活塞打开或使塞上的小孔对准漏斗上的小孔,漏斗向上倾斜朝无人处放气。

(4)使用前要先打开玻塞再开启活塞。

(5)分液要彻底放液时,勿把漏斗中的上层液体放出,下层液体从漏斗下部放出,上层液体从漏斗上部倒出。

(6)使用乙醚时,近旁不能有火。

六、思考题

(1)影响萃取效率的因素有哪些?萃取时应该注意哪些问题?

(2)分液漏斗如何保养存放?

(3)乙醚是一种常用的萃取剂,其优缺点是什么?使用注意事项有哪些?

实验六　重量分析仪器基本操作实验

一、实验目的

(1)了解重量分析法的基本原理。

(2)掌握样品溶解、沉淀、过滤、洗涤、干燥和灼烧等重量分析的基本操作。

二、实验原理

重量分析法是通过称量来确定物质含量的分析方法。重量分析法分为挥发法、萃取法及沉淀法等,重量分析法中最常用的是沉淀法,即利用沉淀反应,使被测物质转变成一定的称量形式后测定物质含量的方法。本实验主要讲解沉淀法。

重量分析的基本操作包括:样品溶解、沉淀、过滤、洗涤、干燥和灼烧等步骤。实验每一步的操作都非常重要,操作的正确与否会影响最后的分析结果。

三、仪器与试剂

烧杯、玻璃棒、长颈漏斗等标准磨口仪器、微孔玻璃坩埚(玻璃漏斗)、坩埚、马弗炉、煤气灯、干燥器等。

四、实验方法

1. **样品的称量** 根据样品被沉淀成分的含量以及生成沉淀的类型,粗略估计要称量的量。用分析天平精密称量,并记录数据。

2. **样品的溶解** 将称量好的样品置于烧杯中,沿烧杯壁加适量溶剂,盖上表面皿,轻轻摇动,必要时可加热促其溶解,但温度不可太高,以防溶液溅失。

3. **试样的沉淀** 按照沉淀的不同类型选择不同的沉淀条件,尽量使沉淀完全生成并且生成的沉淀纯净。进行沉淀操作时,一般左手拿滴管,滴加沉淀剂,右手持玻璃棒不断搅动溶液,但尽量不要碰到烧杯壁或烧杯底。如果溶液需要加热,一般在水浴或电热板上进行,但不得使溶液沸腾以避免引起水溅或产生泡沫飞散而造成被测物的损失。沉淀后应检查沉淀是否完全,检查的方法:待沉淀下沉后,在上层澄清液中,沿烧杯壁加 1 滴沉淀剂,观察滴落处是否出现浑浊,无浑浊出现表明已沉淀完全;如出现浑浊,需再补加沉淀剂,直至再次检查时上层清液中不再出现浑浊为止,然后盖上表面皿。晶型沉淀需放置过夜或在水浴上保温静置 1 小时左右,使沉淀陈化。

4. **沉淀的过滤和洗涤** 将沉淀从母液中分离出来就需要采用过滤和洗涤,目的是使沉淀与过量的沉淀剂及其他杂质组分分开,将沉淀转化成纯净的单一组分。对于需要灼烧的沉淀物,需在玻璃漏斗中用定量滤纸进行过滤和洗涤,对只需烘干即可称重的沉淀,则可在微孔玻璃坩埚(漏斗)中进行过滤和洗涤。过滤和洗涤必须一次完成,不能间断。在操作过程中,不得造成沉淀的损失。

(1)常压过滤。此法最为简便和常用。操作步骤如下。

1)滤纸的选择。滤纸按用途可分为定性滤纸和定量滤纸两大类,重量分析中经常使用的是定量滤纸,定量滤纸经灼烧后,灰分小于 0.0001g 者称"无灰滤纸"。定量滤纸一般为圆形,按直径大小分为 7、9、11cm 等规格。按滤速可分为快、中、慢速 3 种,定量滤纸的选择应根据沉淀物的性质来定。国产定量滤纸的类型见表 3-6-1。注意:有些浓的强酸、强碱或氧化性强的溶液,会与滤纸发生反应而破坏滤纸,因此,该类溶液过滤时不能使用滤纸。对于浓的强酸溶液,可用玻璃砂芯漏斗过滤,对于浓的强碱溶液,可用的确良布、尼龙布或石棉纤维来代替滤纸。

表 3-6-1 国产定量滤纸的类型

类型	孔度	滤速/(s/100ml)	适用范围
快速(白条)	大	60～100	胶状沉淀,如 $Fe(OH)_3$
中速(蓝条)	中	100～160	中等粒度沉淀,如 $ZnCO_3$
慢速(红条)	小	160～200	细粒状沉淀,如 $BaSO_4$

2)漏斗的选择。重量分析的漏斗应该选择长颈漏斗,漏斗锥体角应为 60°,颈长为 15～20cm,颈的直径为 3～5mm,以便在颈内容易保留水柱,出口处磨成 45°角(图 3-6-1)。漏斗使用前应洗净、晾干。

3)滤纸的折叠。一般将滤纸对折后再对折(暂不压紧)成 1/4 圆,放入漏斗中,如滤纸边缘与漏斗不十分密合,可稍稍改变折叠角度,直至与漏斗密合,压紧折痕(图3-6-2)。滤纸的大小应低于漏斗边缘0.5～1cm,若高出漏斗边缘,可剪去多出的部分。取出呈圆锥体的滤纸,把三层厚的外层撕下一角,以便使滤纸紧贴漏斗壁,撕下的纸角保留备用。

4)滤纸的安放。把折好的滤纸放入漏斗,用示指按紧,用玻璃棒沾水或者用洗瓶吹入水流将滤纸润湿,轻按压滤纸边缘使锥体上部与漏斗密合,但下部留有缝隙,加水至滤纸边缘,此时漏斗颈应被水充满,形成水柱,放在漏斗架上,上面加盖表面皿,下面用一个洁净的烧杯接滤液,漏斗壁应贴着烧杯壁。

5)过滤:过滤分三步进行。第一步,采用倾泻法,尽可能地先过滤上层清液,避免沉淀过早堵塞滤纸上的空隙,影响过滤速度,另外,倾入的溶液量一般只充满滤纸的2/3,离滤纸上边缘至少5mm,否则少量沉淀会因毛细管作用越过滤纸上缘,造成损失(图3-6-3)。

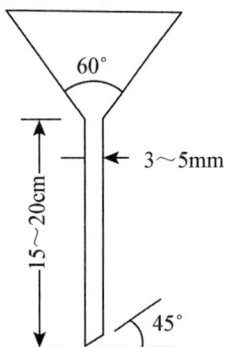

图3-6-1 长颈玻璃漏斗

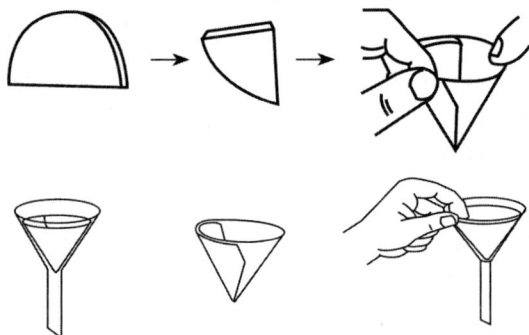

图3-6-2 滤纸的折叠、安放

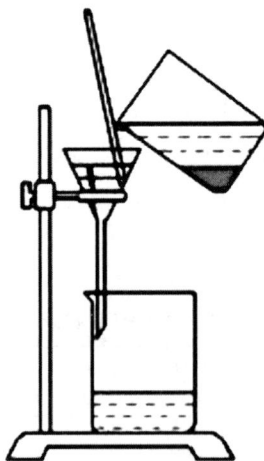

图3-6-3 倾泻法过滤

在倾注完上层清液以后,在烧杯中初步洗涤。应根据沉淀的类型选用合适的洗涤液。对于晶形沉淀,可用冷的稀的沉淀剂进行洗涤,由于同离子效应,可以减少沉淀的溶解损失;对于无定形沉淀可选用热的电解质溶液作洗涤剂,以防止产生胶溶现象,大多采用易挥发的铵盐溶液做洗涤剂;对于溶解度较大的沉淀,采用沉淀剂加有机溶剂洗涤沉淀,可降低其溶解度。洗涤时,沿烧杯内壁四周注入少量洗涤液,每次约 10ml,充分搅拌,静置,按前述方法,倾出过滤清液,如此重复 3～4 次,每次应尽可能把洗涤液倾倒尽,再加第二份洗涤液。随时检查滤液是否透明、不含沉淀颗粒,否则应重新过滤,或重做实验。

第二步,转移沉淀到漏斗上。用少量洗涤液冲洗烧杯壁和玻璃棒上的沉淀,再把沉淀搅起,将悬浮液小心地转移到滤纸上。如此反复进行几次,尽可能地将沉淀转移到滤纸上。烧杯中残留的少量沉淀可按图 3-6-4 所示的方法冲洗。

第三步,清洗烧杯和漏斗上的沉淀。如果还有沉淀黏附在烧杯壁上和玻璃棒上,可用玻帚自上而下刷至杯底,再转移到滤纸上。也可用撕下的滤纸角擦净玻璃棒和烧杯内壁,将擦过的滤纸角放在漏斗的沉淀里,最后在滤纸上将沉淀洗至无杂质。洗涤沉淀时应先使洗瓶出口管充满液体,然后用细小的洗涤液缓慢地从滤纸上部沿漏斗壁呈螺旋状向下冲洗(图 3-6-5),绝不可骤然一次性把洗液浇在沉淀上,应待上一次洗涤液流完后,再进行下一次洗涤。在滤纸上洗涤沉淀的目的主要是洗去杂质,并将黏附在滤纸上部的沉淀冲洗至下部。

图 3-6-4　最后少量沉淀的冲洗　　　　　图 3-6-5　洗涤沉淀

(2)减压过滤。减压过滤是利用真空泵的减压作用进行过滤的一种方法,其过滤速度比常压过滤要快,并可以把沉淀抽得比较干燥,但其不适用于过滤胶状沉淀和颗粒太细的沉淀。

该法利用真空泵的负压原理将空气抽走,从而使抽滤瓶内压力减小,在布氏漏斗与抽滤瓶内造成压力差,加快过滤速度。通常在抽滤瓶与真空泵之间安装一个安全瓶,并且在停止过滤时拔掉抽滤瓶上的橡胶管,再关闭真空泵,以防止溶液倒吸。过滤用的滤纸不需折叠,滤纸应比布氏漏斗的内径略小,但又能把所有的孔都覆盖住,并滴加蒸馏水使滤纸与漏斗连接紧密。先打开真空泵开关预抽,稍稍抽气使滤纸紧贴,然后用玻璃棒往漏斗内转移溶液,加入的溶液不能超过漏斗容积的 2/3,还应注意漏斗管下方的斜口要对着抽滤瓶的支管口。待溶液流完后,继续减压抽滤,直至沉淀抽干再转移沉淀。用玻璃棒轻轻揭起滤纸边,取出滤纸和沉淀。滤液则由抽滤瓶上口倒出。

在布氏漏斗上洗涤沉淀时,需暂停抽滤,加入洗涤剂使其与沉淀充分接触后,再开真空泵将沉淀抽干。

除使用布氏漏斗外,还可以使用微孔玻璃坩埚或砂芯玻璃漏斗进行抽滤。微孔玻璃坩埚或砂芯玻璃漏斗(图 3-6-6),按微孔的孔径由大到小可分为 6 级,即 G1～G6(或 1～6 号),这种漏斗不能过滤强碱性溶液,以免被强碱腐蚀玻璃微孔。

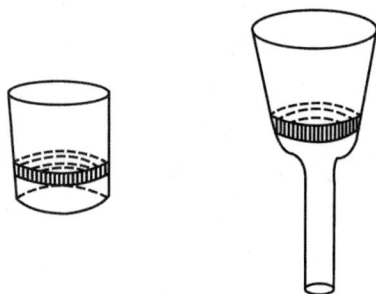

图 3-6-6　微孔玻璃坩埚和漏斗

新的滤器使用前应以热的浓盐酸或其他强酸边抽滤边清洗,再用纯化水洗净。使用后的砂芯玻璃滤器,针对不同沉淀物采用适当的洗涤剂洗涤。首先用洗涤剂、水反复抽洗或浸泡玻璃滤器,再用纯化水冲洗干净,在110℃条件下烘干,保存在无尘柜或有盖的容器中备用。

微孔玻璃坩埚或砂芯玻璃漏斗采用倾泻法过滤,其过滤、洗涤、转移沉淀等操作均与滤纸过滤法相同。

5. 沉淀的干燥和灼烧　沉淀的干燥和灼烧在一个预先灼烧至质量恒定的坩埚中进行,因此,在沉淀的干燥和灼烧前,必须预先准备好坩埚。

(1)坩埚的准备。先将坩埚洗净,小火烤干或烘干,多个样品时要编号(不可用标贴纸,可用含 Fe^{3+} 或 Co^{2+} 的蓝墨水在坩埚外壁上编号),然后在所需温度下加热灼烧。灼烧可在马弗炉中或应用煤气灯进行。为了避免温度骤升或骤降使坩埚破裂,最好将坩埚放入冷的炉膛中逐渐升高温度,或者将坩埚在已升至较高温度的炉膛口预热一下,再放进炉膛中。一般在800～950℃下灼烧半小时(新坩埚需灼烧 1 小时)。从高温炉中取出坩埚时,应先使高温炉降温,然后将坩埚移入干燥器中,将干燥器连同坩埚一起移至天平室,冷却至室温(约需 30 分钟),取出称量。随后进行第二次灼烧,15～20 分钟,冷却和称量。如果前后两次称量结果之差小于 0.3mg,即可认为坩埚已达质量恒定,否则还需再灼烧,直至质量恒定为止。灼烧空坩埚的温度必须与以后灼烧沉淀的温度一致。

干燥器常用于保存坩埚、称量瓶、试样等物,是具有磨口盖子的密闭厚壁玻璃器皿。使用时应在它的磨口边缘涂一薄层凡士林,使之能与盖子密合(图 3-6-7),其上搁置洁净的带孔瓷板,底部盛放干燥剂,最常用的干燥剂是变色硅胶和无水氯化钙。坩埚、称量瓶等即可放在瓷板孔内。

由于干燥剂吸收水分的能力都是有一定限度的,因此,干燥器中的空气并不是绝对干燥的,只是湿度较低而已。搬移干燥器时,要用双手拿着,用拇指紧紧按住盖子,以防止盖子滑落被打翻(图 3-6-8)。不可将太热的物体放入干燥器中。有时较热的物体放入干燥器后,空气受热膨胀会把盖子顶起来,应当用手按住,不时把盖子稍微推开(时间不到 1 秒),以放出热空气。灼烧或烘干后的坩埚和沉淀,在干燥器内不宜放置过久,否则会因吸收一些水分而使质量略有增加。变色硅胶干燥时为蓝色(含无水 Co^{2+}),受潮后变粉红色(含水合 Co^{2+})。可以120℃烘干受潮的硅胶,待其变蓝后反复使用,直至破碎不能用为止。

(2)沉淀的包裹。过滤后的沉淀需经包裹方能灼烧。若是晶型沉淀,可利用玻璃棒把滤纸和沉淀从漏斗中取出。把沉淀包卷在里面,要注意勿使沉淀有任何损失。如果漏斗上粘有些微沉淀,可用滤纸碎片擦下,与沉淀包卷在一起。对于胶状沉淀,由于体积一般较大,不宜采用上述包裹方法,而是用玻璃棒从滤纸三层的部分将其挑起,然后用玻璃棒将滤纸向中间折叠,将三层部分的滤纸折在最外面,包成锥形滤纸包。如图 3-6-9 所示进行操作。

图 3-6-7　干燥器

图 3-6-8　干燥器的搬动

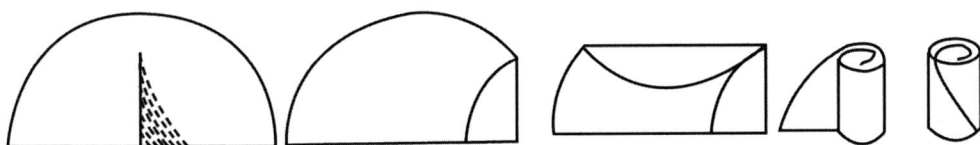

图 3-6-9　过滤后滤纸的折卷

(3)沉淀的灼烧。将滤纸包装进已质量恒定的坩埚内,为了使滤纸灰化较易,可把滤纸层较多的一边向上。将坩埚放在泥三角上,盖上坩埚盖(图 3-6-10)。将滤纸烘干并灰化的过程中必须防止滤纸着火,否则会使沉淀飞散而损失。若已着火,应立刻移开煤气灯,并将坩埚盖盖上,让火焰自熄(图 3-6-11)。加热直至黑烟冒尽,说明滤纸已完全灰化。

图 3-6-10　坩埚侧放在泥三角上

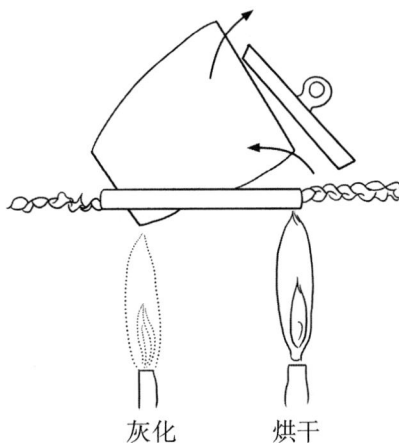

灰化　烘干

图 3-6-11　灰化和烘干

待滤纸完全灰化后,将坩埚移入高温炉中(根据沉淀性质调节适当温度),盖上坩埚盖,但要留有空隙。在与灼热空坩埚相同的温度下,与空坩埚灼烧操作相同,灼烧 40～45 分钟,取出,冷至室温,称重。然后进行第二次、第三次灼烧,直至坩埚和沉淀恒重为止。一般灼烧第二次以后只需灼烧 2 分钟即可。每次灼烧完毕从炉内取出后,都应在空气中稍冷却,再移入干燥器中,冷却至室温后称重。然后再灼烧、冷却、称量,直至恒重。要注意每次灼烧、称重和放置的时间都要保持一致。

五、注意事项

(1)溶液加热近沸,但不可煮沸,防止溶液溅失。

(2)$BaSO_4$ 的灼烧温度应控制在 $800～850℃$,否则 $BaSO_4$ 将与碳作用而被还原。

六、思考题

(1)样品溶解需要注意哪些事项?

(2)沉淀干燥与灼烧应如何操作?

综合性实验

第四章

实验七　电解质溶液的性质

一、实验目的

(1)进一步了解电解质电离的特点,巩固 pH 的概念。

(2)掌握酸碱指示剂和 pH 试纸的使用。

(3)了解影响平衡移动的因素。

(4)掌握同离子效应实验。

二、实验原理

1. 弱电解质的电离平衡及同离子效应　对于弱酸或弱碱 AB,在水溶液中存在下列平衡。

$$AB \Longrightarrow A^+ + B^-$$

达平衡时,各物质浓度关系满足 $K = [A^+] \cdot [B^-]/[AB]$,$K$ 为电离平衡常数。在此平衡体系中,若加入含有相同离子的强电解质,即增加 A^+ 或 B^- 离子的浓度,则平衡向生成 AB 分子的方向移动,使弱电解质的电离度降低,这种效应叫作同离子效应。

2. 盐类的水解反应　盐类的水解反应是由组成盐的离子和水电离出来的 H^+ 或 OH^- 作用,生成弱酸或弱碱的过程。水解反应往往使溶液显酸性或碱性,如弱酸强碱盐显碱性、强酸弱碱盐显酸性、弱酸弱碱盐由生成弱酸弱碱的相对强弱而定。通常加热能促进水解,浓度、酸度等也会影响水解。

三、仪器与试剂

1. 药品　HCl(0.1 mol/L),HAc(0.1 mol/L),NaOH(0.1 mol/L、1mol/L),NH₃ · H₂O(2mol/L),NaCl(0.1mol/L),Na₂CO₃(0.1mol/L),NaAc(1mol/L,固体),MgCl₂(0.1mol/L),Al₂(SO₄)₃(0.1mol/L),NH₄Cl(0.10mol/L,饱和溶液,固体),Na₃PO₄(0.1mol/L),Na₂HPO₄(0.1mol/L),NaH₂PO₄(0.1mol/L),SbCl₃(固体),FeCl₃(固体),锌粒(固体),酚酞溶液(1%),甲基橙(0.1%),pH 试纸。

2. 仪器　试管、烧杯、量筒、洗瓶、玻璃棒、酒精灯(或水浴锅)、pH 计等。

四、实验方法

1. **强弱电解质溶液电离度的比较** 用 pH 试纸分别测定 HAc（0.1mol/L）、HCl（0.1mol/L）溶液的 pH。然后在两支试管中分别加入 1ml 上述溶液，再各加入一小颗锌粒并加热，观察哪支试管中产生氢气的反应比较剧烈。

由实验结果比较 HCl 和 HAc 的酸性有何不同，为什么？

2. **同离子效应**

（1）在两支试管中，各加 1ml 0.1mol/L HAc 溶液和 1 滴甲基橙指示剂，摇匀，观察溶液颜色；在其中一支试管中加入少量 NaAc 固体，振荡使之溶解，观察溶液颜色有何变化，与另一支试管溶液进行比较，指出同离子效应对电离度的影响。

（2）在两支试管中，各加 5 滴 0.1mol/L $MgCl_2$ 溶液，在其中一支试管中再加入 5 滴饱和 NH_4Cl 溶液，然后在两支试管中各加入 5 滴 2mol/L $NH_3 \cdot H_2O$ 溶液，观察两支试管发生的现象，写出有关反应方程式并说明原因。

3. **盐类水解反应及其影响因素**

（1）盐的水解与溶液的 pH。

1）取 3 支试管，分别加入 5 滴 0.1mol/L NaCl、Na_2CO_3 及 $Al_2(SO_4)_3$ 溶液，用玻璃棒蘸取少许溶液在 pH 试纸上测定溶液的 pH。写出水解的离子方程式，并解释。

2）用 pH 试纸分别测定 0.1mol/L Na_3PO_4、Na_2HPO_4、NaH_2PO_4 溶液的 pH 并说明原因。

（2）影响盐类水解反应的因素

1）温度。取两支试管，分别加入 5 滴 1mol/L NaAc 溶液和 5 滴蒸馏水，并各加入 1 滴酚酞溶液，将其中一支试管用酒精灯（或水浴）加热，观察颜色变化，冷却后颜色有何变化？解释原因。

2）酸度。将少量 $FeCl_3$、$SbCl_3$ 固体（火柴头大小即可）分别置于两支小试管中，加入 1ml 蒸馏水，有何现象产生？用 pH 试纸测定溶液的 pH。再向试管中加入几滴 6mol/L HCl，观察沉淀是否溶解？最后将所得溶液中再加入 2ml 蒸馏水稀释，又有什么变化？解释现象并写出有关反应方程式。

3）相互水解：在 2 支试管中，分别加入 1ml 0.1mol/L Na_2CO_3 及 $Al_2(SO_4)_3$ 溶液，先用 pH 试纸分别测定溶液的 pH，然后将二者混合，观察现象并写出有关反应的离子方程式。

五、注意事项

（1）用 pH 试纸测定试验溶液的性质。方法是将一小片试纸放在干净的点滴板上，用干燥而洁净的玻璃棒蘸取待测溶液，滴在试纸上，观察其颜色的变化。注意：不要把试纸投入被测试液中测试。

（2）取用液体试剂时，严禁将滴瓶中的滴管伸入试管内，或用试验者的滴管到试剂瓶中吸取试剂，以免造成试剂污染。取用试剂后，必须把滴管放回原试剂瓶中，不可置于实验台上，以免弄混及交叉污染试剂。

（3）用试管盛液体加热时，液体量不能过多，一般以不超过试管体积的 1/3 为宜。试管夹应夹在距离管口 1～2cm 处，然后夹持试管，从液体的上部开始加热，再过渡到试管下部，并不断地晃动试管,以免由于局部过热,液体喷出或受热不均而使试管炸裂。加热时,应注意试管口不能朝向别人或自己。

(4)锌粒回收至指定容器中。

(5)操作时注意试剂的用量,否则观察不到现象。

(6)使用酒精灯时应注意安全,酒精灯内液体体积不可超过容量的 2/3,也不可少于 1/3,禁止用一只酒精灯去点燃另一只酒精灯。

六、思考题

(1)为什么 NaH_2PO_4、Na_2HPO_4 溶液分别呈现弱酸性和弱碱性?

(2)使用酸度计应注意什么问题?

(3)同离子效应对弱电解质的电离度有何影响?

实验八　缓冲溶液的配制和性质

一、实验目的

(1)了解缓冲溶液的缓冲作用原理和缓冲溶液的性质。

(2)掌握缓冲溶液的选择和配制方法。

(3)掌握用广泛 pH 试纸和酸碱指示剂测定溶液酸碱性的方法。

(4)练习移液管的使用方法。

二、实验原理

能在一定程度上抵抗外加的少量酸、碱或水的稀释作用,而本身的 pH 基本不变,这种溶液叫作缓冲溶液。常见的缓冲溶液有 3 种类型:弱酸及其盐(如 HAc-NaAc)、弱碱及其盐(如 $NH_3 \cdot H_2O$-NH_4Cl)、多元酸的酸式盐及其次级盐(如 $NaHCO_3 - Na_2CO_3$),缓冲溶液的 pH (以 HAc 和 NaAc 为例)可用下式计算。

$$pH = pK_a - \lg \frac{c(\text{酸})}{c(\text{盐})} = pK_a - \lg \frac{c(\text{HAc})}{c(\text{Ac}^-)}$$

缓冲溶液的总浓度和缓冲比是影响缓冲容量的主要因素。

配制缓冲溶液的一般步骤如下。

(1)根据要求的 pH 选择适当的缓冲对。

(2)分别配制浓度相同的弱酸及共轭碱的溶液备用。

(3)计算所需弱酸及共轭碱溶液的体积,配成缓冲溶液。

(4)用酸度计测定并调节溶液的 pH。

三、仪器与试剂

1. 药品　广泛 pH 试纸(1-14)、甲基橙指示剂、酚酞指示剂、0.5mol/L HCl、0.1mol/L NaOH、0.1mol/L HAc、0.1mol/L NaAc、0.01mol/L HAc、0.01mol/L NaAc、0.1mol/L

NaHCO$_3$、0.1mol/L Na$_2$CO$_3$、0.1mol/L NH$_3$ · H$_2$O、0.1mol/L NH$_4$Cl、0.1mol/L NaCl。

2. **仪器** 试管、10ml 移液管、100ml 烧杯、滴管、玻璃棒、洗瓶、洗耳球。

四、实验方法

1. **缓冲溶液的配制与 pH 的测定** 按表 4-8-1 的用量，分别用刻度移液管（吸量管）移取各组分置于干燥洁净的小烧杯中配制成 A、B、C、D、E 5 种缓冲溶液（溶液留作后面实验用），用 pH 试纸测定 pH，并与计算值比较，将有关数据填入表 4-8-1。

表 4-8-1 缓冲溶液的配制与 pH 的测定

缓冲溶液编号	各组分的体积和浓度		理论 pH	pH 试纸测定 pH
A	5ml	0.1mol/L HAc		
	5ml	0.1mol/L NaAc		
B	5ml	0.01mol/L HAc		
	5ml	0.01mol/L NaAc		
C	1ml	0.1mol/L HAc		
	9ml	0.1mol/L NaAc		
D	5ml	0.1mol/L NaHCO$_3$		
	5ml	0.1mol/L Na$_2$CO$_3$		
E	5ml	0.1mol/L NH$_3$ · H$_2$O		
	5ml	0.1mol/L NH$_4$Cl		

2. **缓冲溶液的抗酸、抗碱作用** 按表 4-8-2 的用量，在 1～8 号试管中分别加入 1ml 0.1mol/L NaCl 溶液及自制的 A、D、E 3 种缓冲溶液，用 pH 试纸测定 pH 后，分别加入 1 滴 0.5mol/L HCl 和 1 滴 0.1mol/L NaOH 溶液，记录 pH 并解释结果。

表 4-8-2 缓冲溶液的抗酸、抗碱作用

试管编号	试剂	pH 试纸测定 pH	加 HCl (0.5mol/L)	加 NaOH (0.1mol/L)	pH 试纸测定 pH
1	1ml 0.1mol/L NaCl		1 滴	—	
2	1ml 0.1mol/L NaCl		—	1 滴	
3	1ml 缓冲溶液 A		1 滴	—	
4	1ml 缓冲溶液 A		—	1 滴	
5	1ml 缓冲溶液 D		1 滴	—	
6	1ml 缓冲溶液 D		—	1 滴	
7	1ml 缓冲溶液 E		1 滴	—	
8	1ml 缓冲溶液 E		—	1 滴	

按表 4-8-3 的用量，在 1～8 号试管中分别加入 1ml 0.1mol/L NaCl 溶液及自制的 A、B、C 3 种缓冲溶液，加入酸碱指示剂后，观察并记录颜色后，分别加入 0.5mol/L HCl 或 0.1mol/L NaOH 溶液至溶液显酸色或碱色，记录试剂的用量和观察到的实验现象并给出合理的解释。

表 4-8-3 缓冲溶液的缓冲能力

试管编号	试剂+指示剂用量	颜色	溶液显酸色或碱色时加酸或碱的滴数	颜色
1	1ml 0.1mol/L NaCl+1滴甲基橙		0.5mol/L HCl （ ）滴	
2	1ml 0.1mol/L NaCl+1滴酚酞		0.1mol/L NaOH （ ）滴	
3	1ml 缓冲溶液 A+1滴甲基橙		0.5mol/L HCl （ ）滴	
4	1ml 缓冲溶液 A+1滴酚酞		0.1mol/L NaOH （ ）滴	
5	1ml 缓冲溶液 B+1滴甲基橙		0.5mol/L HCl （ ）滴	
6	1ml 缓冲溶液 B+1滴酚酞		0.1mol/L NaOH （ ）滴	
7	1ml 缓冲溶液 C+1滴甲基橙		0.5mol/L HCl （ ）滴	
8	1ml 缓冲溶液 C+1滴酚酞		0.1mol/L NaOH （ ）滴	

3. 缓冲溶液的抗稀释作用 按表 4-8-4 的用量,在 1~3 号试管中分别加入一定体积的缓冲溶液和蒸馏水,用 pH 试纸测定 pH,将有关数据填入表 4-8-4 中,比较结果并解释原因。

表 4-8-4 缓冲溶液的抗稀释作用

试管编号	缓冲溶液的体积	蒸馏水的体积	pH 试纸测定 pH
1	缓冲溶液 A 1ml	6ml	
2	缓冲溶液 D 1ml	6ml	
3	缓冲溶液 E 1ml	6ml	

五、注意事项

(1)普通溶液不具备抗酸、抗碱、抗稀释作用。缓冲溶液通常是由一定浓度的弱酸及其共轭碱、弱碱及其共轭酸或多元弱酸的酸式盐及其次级盐组成的混合溶液体系,具有抵抗外加的少量强酸、强碱或适当稀释而溶液 pH 基本保持不变的作用。

缓冲溶液 pH 的计算公式如下。

$$pH = pK_a + lg\frac{[共轭碱]}{[共轭碱]} = pK_a + lg\ 缓冲比$$

$$或\ pH = pK_a - lg\frac{c(酸)}{c(盐)} = pK_a - lg\frac{c(HAc)}{c(Ac^-)}$$

缓冲容量(β)是衡量缓冲能力大小的尺度。缓冲容量(β)的大小与缓冲溶液总浓度、缓冲组分的比值有关。

(2)实验所用的仪器必须洁净,否则影响实验现象的观察。

(3)本实验所用的试管较多,要做好编号,以免混淆。

六、思考题

(1)缓冲溶液的组成与一般性溶液有什么不同?

(2)为什么缓冲溶液具有缓冲作用?

(3)如何衡量缓冲溶液的缓冲能力大小? 缓冲溶液的缓冲作用大小由哪些因素决定?

实验九 醋酸解离度和解离常数的测定

一、实验目的

1. 测定醋酸的解离度和解离常数。
2. 掌握滴定原理、滴定操作及正确判断滴定终点的方法。
3. 练习 pH 计、滴定管、容量瓶的使用方法。

二、实验原理

醋酸(CH_3COOH 或写作 HAc)是弱电解质,在溶液中存在下列解离平衡。

$$HAc \rightleftharpoons H^+ + Ac^-$$

起始浓度(mol/L)　　　　　c　　　　　0　　　　　0

平衡浓度(mol/L)　　　c$-$cα　　　cα　　　cα

$$K_a = \frac{[H^+][Ac^-]}{[HAc]} = \frac{(c\alpha)^2}{c-c\alpha} = \frac{c\alpha^2}{1-\alpha}, 当 \alpha < 5\% 时, 1-\alpha \approx 1$$

故 $K_a = c\alpha^2$,而由 $[H^+] = c\alpha$ 可知 $\alpha = [H^+]/c$。

c 为 HAc 的起始浓度,可通过已知浓度的 NaOH 溶液滴定测出,HAc 溶液的 pH 由数显 pH 计测定,然后根据 $pH = -lg[H^+]$ 可知 $[H^+] = 10^{-pH}$,把 $[H^+]$、c 带入上式即可求算出解离度 α 和解离平衡常数 K_a。

三、仪器与试剂

1. 药品　0.1mol/L 左右的 NaOH 溶液、未知浓度的 HAc 溶液。
2. 仪器　数显 pH 计、酸式滴定管、碱式滴定管、烧杯、温度计、移液管、洗耳球。

四、实验方法

1. 醋酸溶液浓度的标定　用移液管移取 25.00ml HAc 溶液于洁净锥形瓶中,加入纯化水 25ml,再加入 2 滴酚酞指示剂,立即用已知浓度的 NaOH 滴定液滴定至呈浅粉红色且保持 30 秒不消失,即为终点。再重复滴定 2 次,并记录数据。

2. 醋酸溶液 pH 的测定　配制不同浓度的醋酸溶液,并测定 pH。PHS-3C 型 pH 计操作步骤如下。

(1)开机前的准备。安装好仪器和复合电极;将 pH 复合电极下端的电极保护套拔下;用蒸馏水清洗电极。

(2)仪器的标定。仪器使用前首先要标定。一般情况下仪器在连续使用时,每天要标定一次。打开电源开关,仪器进入 pH 测量状态;按"温度"键,使仪器进入溶液温度调节状态,按"△"键或"▽"键调节温度和溶液温度一致,然后按"确认"键,回到 pH 测量状态;按"标定"键,此时显示"标定1""4.00",把用蒸馏水或去离子水清洗过的电极插入 pH=4.00 的标准缓冲溶液中,待读数稳定后按"确认"键,仪器显示"标定2""9.18",把用蒸馏水或去离子水清洗过的电极插入 pH＝9.18 的标准缓冲溶液中,待读数稳定后按"确认"键,标定结束,仪器进入测量状态。

(3)测量 pH。经标定过的仪器,即可用来测量被测溶液。用蒸馏水清洗电极头部,再用被测溶液清洗一次;把电极浸入被测溶液中,用玻璃棒搅拌溶液,使其均匀,在显示屏上读出溶液的 pH 值。

把 1 中已标定的醋酸溶液配制成 c/2、c/4,并测定其 pH。

3.数据记录和处理

五、实验结果

将实验数据记录于表 4-9-1 和表 4-9-2 中。

表 4-9-1 醋酸溶液浓度的标定

	第 1 次	第 2 次	第 3 次
HAc 溶液的体积/ml	25.00	25.00	25.00
NaOH 溶液的浓度/(mol/L)			
NaOH 溶液的体积/ml			
HAc 溶液的浓度/(mol/L)			
HAc 溶液的浓度(均值)/(mol/L)			

表 4-9-2 醋酸解离度和解离常数的测定

HAc 溶液编号	V_{HAc}/ml	V_{H_2O}/ml	c(HAc)/(mol/L)	pH	[H^+]/(mol/L)	α 测定值	α 平均值	K_α^θ 测定值	K_α^θ 平均值
1	25.00	75.00							
2	25.00	25.00							
3	50.00	0.00							

六、注意事项

(1)滴定管的使用。

(2)移液管、吸量管的使用。

(3)容量瓶的使用。

(4)pH 计的使用。

七、思考题

(1)改变所测醋酸溶液的浓度或温度,解离度和解离常数有无变化? 若有变化,会有怎样的变化?

(2)本实验的操作关键是什么?

(3)将 NaOH 标准溶液装入碱式滴定管中滴定待测 HAc 溶液,以下情况对滴定结果有何影响?

1)滴定过程中滴定管下端产生了气泡。

2)滴定近终点时,没有用蒸馏水冲洗锥形瓶的内壁。

3)滴定完后,有液滴悬挂在滴定管的尖端处。

4)滴定过程中,有一些滴定液自滴定管的活塞处渗漏出来。

(4)取 25ml 未知浓度的 HAc 溶液,用已知的浓度标准 NaOH 溶液滴定至终点,再加入 25ml 未知浓度的该 HAc 溶液,测其 pH,试根据上述已知条件推导出计算 HAc 解离平衡常数的公式。

实验十　沉淀–溶解平衡

一、实验目的

(1)掌握溶度积规则。

(2)掌握沉淀平衡。

(3)了解影响平衡移动的因素。

(4)掌握沉淀的溶解和沉淀的转化。

二、实验原理

1. 溶度积　一定温度下,在难溶电解质的饱和溶液中,未溶解的难溶电解质和溶液中相应的离子之间建立了多相离子平衡。例如,在 PbI_2 饱和溶液中,建立了如下平衡。

$$PbI_2(固) \Longleftrightarrow Pb^{2+} + 2I^-$$

其平衡常数的表达式为 $K_{sp} = [Pb^{2+}][I^-]^2$,称为溶度积。在难溶强电解质溶液中,任意时刻离子浓度幂的乘积称为离子积,用符号 Q_i 表示,PbI_2 的 $Q_i = c(Pb^{2+}) \cdot c(I^-)^2$。

根据溶度积规则可判断沉淀的生成和溶解,如将 $Pb(Ac)_2$ 和 KI 两种溶液混合时,有如下几种情况。

若 $Q_i > K_{sp}$,则溶液过饱和,有沉淀析出。

若 $Q_i = K_{sp}$,则溶液饱和,既无沉淀析出也无沉淀溶解。

若 $Q_i < K_{sp}$,则溶液未饱和,无沉淀析出。

2. 分步沉淀　当两种或两种以上的离子都能与加入的某种试剂(沉淀剂)反应生成难溶电解质时,沉淀的先后顺序取决于所需沉淀剂离子浓度的大小,需要沉淀剂离子浓度较小的先沉淀,需要沉淀剂离子浓度较大的后沉淀,这种现象称为分步沉淀。

3. 沉淀的转化　把一种难溶电解质转化为另一种难溶电解质,即把一种沉淀转化为另一种沉淀的过程称为沉淀的转化。一般来说,溶度积较大的难溶电解质容易转化为溶度积较小的难溶电解质。

三、仪器与试剂

1. 药品　$NH_3 \cdot H_2O$(2mol/L)、NaCl(0.1mol/L)、KI(0.001 mol/L、0.1mol/L)、NaCl(0.1 mol/L)、K_2CrO_4(0.1mol/L)、$ZnSO_4$(0.1mol/L)、$CuSO_4$(0.1mol/L)、$MnSO_4$(0.1mol/L)、$Pb(NO_3)_2$(0.001 mol/L、0.1mol/L)、$AgNO_3$(0.1mol/L)、Na_2S(0.1mol/L)

试液。

　　2. 仪器　试管、烧杯、量筒、洗瓶、玻璃棒、离心机。

四、实验方法

　　1. 沉淀的生成

　　(1)取一支试管,加入 10 滴 0.1mol/L Pb(NO$_3$)$_2$ 溶液,再缓慢加入 10 滴 0.1mol/L KI 溶液,观察沉淀的生成和颜色。

　　(2)取另一支试管,加入 10 滴 0.001mol/L Pb(NO$_3$)$_2$ 溶液,再缓慢加入 10 滴 0.001mol/L KI 溶液,观察有无沉淀生成,试以溶度积规则解释上述现象。

　　(3)设计实验,比较 ZnS、CuS、MnS 几种硫化物难溶盐溶解度的大小。

　　2. 沉淀的溶解　在一支离心试管中,加入 5 滴 0.1mol/L AgNO$_3$ 溶液和 2 滴 0.1mol/L NaCl 溶液混合,观察现象,离心沉降,弃去上层清液,向沉淀中滴加 2mol/L NH$_3$ · H$_2$O 溶液,观察原有沉淀是否溶解? 解释上述现象。

　　3. 分步沉淀　在离心试管中,加入 5 滴 0.1mol/L NaCl 溶液和 2 滴 0.1mol/L K$_2$CrO$_4$ 溶液,用蒸馏水稀释至 1ml,摇匀,逐滴加入 0.1mol/L AgNO$_3$ 溶液,边加边振摇,当砖红色沉淀转化为白色沉淀较慢时,离心沉降,观察生成沉淀的颜色。再向清液中滴加 0.1mol/L AgNO$_3$ 溶液,又有何现象? 解释现象并写出有关反应方程式。

　　4. 沉淀的转化　在一支离心试管中,加入 5 滴 0.1mol/L AgNO$_3$ 溶液和 2 滴 0.1mol/L NaCl 溶液混合,观察现象,离心沉降,弃去上层清液,向沉淀中滴加 0.1mol/L KI 溶液并搅拌,观察沉淀的颜色变化并写出有关反应方程式。

五、注意事项

　　(1)操作时注意试剂的用量,否则观察不到现象。

　　(2)正确使用离心机,注意保持平衡,调整转速时不要过快。

六、思考题

　　(1)什么是溶度积规则?

　　(2)同离子效应对难溶电解质的溶解度有何影响?

　　(3)试根据所给试剂设计实验"AgCl 沉淀的制备和溶解",写出具体步骤及有关反应方程式。

实验十一　氯化钡结晶水含量的测定

一、实验目的

　　(1)掌握干燥失重法测定水分的原理和方法。

　　(2)熟练进行干燥恒重操作。

　　(3)熟悉称量瓶、电子天平、干燥器、电热恒温干燥箱的使用方法。

二、实验原理

干燥失重法常用于固体试样中水分、结晶水或其他易挥发组分的含量测定。药品的干燥失重系指药品在规定条件下干燥后所减失重量的百分比。操作时将试样放入电热干燥箱中进行常压加热,提高试样内部水的蒸气压,试样中的水分向外扩散,达到干燥脱水的目的。

$BaCl_2 \cdot 2H_2O$ 中的两分子结晶水在室温下是稳定的,当温度升高到105℃时,结晶水完全挥发,而无水氯化钡在此条件下不分解和挥发。故可根据加热后质量的减少,来测定氯化钡中结晶水的含量。

三、仪器与试剂

1. 药品 $BaCl_2 \cdot 2H_2O(AR)$。
2. 仪器 称量瓶、电子天平、电热恒温干燥箱、干燥器、研钵。

四、实验方法

1. 称量瓶恒重 取两只洗净的扁形称量瓶,在干燥箱中于105℃开盖烘干1小时,取出放于干燥器中冷却30分钟后,用电子天平称重。在上述条件下重复烘干、冷却、称重,直至两次称量之差不超过0.3mg即为恒重。记录恒重称量瓶质量,记为 m_0。

2. 样品结晶水测定 将 $BaCl_2 \cdot 2H_2O$ 样品置研钵中研成粗粉,分别称取每份1.4～1.5g的试样2份,置已恒重的称量瓶中,使样品平铺于瓶底,厚度不超过5mm,称量瓶加盖。准确称重,记录称量瓶与样品的质量,记为 m_1。

将盛有 $BaCl_2 \cdot 2H_2O$ 样品的称量瓶瓶盖斜放于瓶口,于105℃干燥箱中干燥2小时,取出放于干燥器中冷却30分钟,盖好称量瓶盖,用电子天平称重。再重复上述操作,直至恒重。记录恒重称量瓶与无水氯化钡的质量,记为 m_2。

五、实验结果

1. 空称量瓶的干燥恒重 将空称量瓶的质量记录于表4-11-1中。

表4-11-1 称量瓶恒重质量

编号	$m_0{}'$	$m_0{}''$	$m_0{}'''$	······	m_0
1号称量瓶					
2号称量瓶					

2. 氯化钡结晶水的质量 将氯化钡结晶水测定结果记录于表4-11-2中。

表4-11-2 氯化钡结晶水的质量

加热前称量	加热后称量				结晶水质量
m_1	$m_1{}'$	$m_1{}''$	$m_1{}'''$ ······	m_2	$m_{结晶水} = m_1 - m_2$

3. 氯化钡结晶水的含量计算 样品结晶水含量为结晶水的质量与样品质量之比,计算公式如下。

$$\omega_{结晶水} = \frac{m_1 - m_2}{m_1 - m_0} \times 100\%$$

六、注意事项

(1)要求恒重的称量,应注意平行原则,即空称量瓶或加样品后的称量瓶在烘箱中的干燥温度要保持一致,置于干燥器中的冷却时间也要保持一致。

(2)样品在干燥时要均匀地铺在扁形称量瓶底部,以便样品中的水分充分挥发。

(3)在使用干燥器之前,更换新的干燥剂。

(4)冷却样品时切勿将盖子盖严,以防冷却后难以打开。

(5)称量样品时,速度要快,并且要盖好称量瓶盖子,以免称样过程中样品吸湿。

七、思考题

(1)空称量瓶为何要干燥至恒重? 恒重的标志是什么?

(2)粗样为什么要研碎?

(3)做好本实验有哪几个关键步骤?

实验十二 配合物的生成及性质

一、实验目的

(1)熟悉配合物的生成和组成。

(2)熟悉配合物与简单化合物的区别。

(3)熟悉配位平衡及其影响因素。

(4)熟悉螯合物的形成条件及稳定性。

二、实验原理

由中心离子(或原子)与配体按一定组成和空间构型以配位键结合所形成的化合物称配合物。配位反应是分步进行的可逆反应,每一步反应都存在着配位平衡,反应式如下。

$$M + nR \Longleftrightarrow MR_n$$

$$Ks = \frac{[MR_n]}{[M][R]^n}$$

配合物的稳定性可由 $K_{稳}$(即 Ks)表示,数值越大,配合物越稳定。增加配体(R)或金属离子(M)的浓度有利于配合物(MRn)的形成,而降低配体和金属离子的浓度则有利于配合物的解离。

配合物的组成一般分为内界和外界两个部分。大多数配合物在水溶液中可以完全解离为配离子和外界离子,通常配离子在水中稳定性高,不易解离。而复盐能完全电离为简单离子。

配离子的稳定性是相对的,在一定条件下配位平衡还可与酸碱平衡、沉淀-溶解平衡或氧化还原平衡相互影响,使得在改变溶液的 pH、加入沉淀剂、氧化剂或还原剂时,配位平衡发生移动。

若改变溶液的 pH,可能引起配体的酸效应或金属离子的水解等,就会导致配合物的解离;若有沉淀剂能与中心离子形成沉淀,引起中心离子浓度减少,也会使配位平衡朝解离的方向移动;若加入另一种配体,能与中心离子形成稳定性更好的配合物,则同样会导致原配合物的稳定性降低。若沉淀平衡中有配位反应发生,则有利于沉淀溶解。配位平衡与沉淀平衡的关系总是朝着生成更难解离或更难溶解物质的方向移动。

配位反应应用广泛,如利用金属离子生成配离子后的颜色、溶解度、氧化还原性等一系列性质的改变,进行离子鉴定、干扰离子的掩蔽反应等。

三、仪器与试剂

1. 药品　H_2SO_4(2mol/L),HCl(1mol/L),$NH_3 \cdot H_2O$(6mol/L),NaOH(0.1 mol/L、2mol/L),$CuSO_4$(0.1mol/L),$HgCl_2$(0.1mol/L),KI(0.1mol/L),$BaCl_2$(0.1mol/L),$K_3Fe(CN)_6$(0.1mol/L),$NH_4Fe(SO_4)_2$(0.1mol/L),$FeCl_3$(0.1mol/L),KSCN(0.1mol/L),NH_4F(2mol/L),$(NH_4)_2C_2O_4$(饱和),$AgNO_3$(0.1mol/L),NaCl(0.1mol/L),KBr(0.1mol/L),$Na_2S_2O_3$(0.1mol/L,饱和),Na_2S(0.1mol/L),$FeSO_4$(0.1mol/L),红色石蕊试纸。

2. 仪器　试管、离心试管、漏斗、离心机、酒精灯、白瓷点滴板。

四、实验方法

1. 配合物的生成和组成

(1)配合物的生成。在一支大试管中加入 0.1mol/L $CuSO_4$ 溶液 4ml,逐滴加入 6mol/L $NH_3 \cdot H_2O$ 溶液,边滴加边振荡,观察产生沉淀的颜色,继续加入 $NH_3 \cdot H_2O$ 溶液,直至沉淀完全溶解后再多加 $NH_3 \cdot H_2O$ 溶液 1～2 滴,观察溶液的颜色。写出相应的离子方程式。保留备用。

(2)配合物的组成。取两支试管,将上述溶液各取 5 滴(剩余溶液备用),在一支试管中滴入 2 滴 0.1mol/L $BaCl_2$ 溶液,另一支试管滴入 2 滴 0.1mol/L NaOH 溶液,观察现象,写出离子方程式。

另取两支试管,各加入 5 滴 0.1mol/L $CuSO_4$ 溶液,然后分别向试管中滴入 2 滴 0.1mol/L KSCN 溶液和 2 滴 0.1mol/L NaOH 溶液,观察现象,写出离子方程式。

比较以上 2 个实验结果,分析该配合物的内界和外界组成,写出相应的离子方程式。

2. 配合物与简单化合物、复盐的区别

(1)在一支试管中加入 10 滴 0.1mol/L $FeCl_3$ 溶液,再滴加 2 滴 0.1mol/L KSCN 溶液,观察溶液呈何颜色。

(2)用 0.1mol/L $K_3Fe(CN)_6$ 溶液代替 $FeCl_3$ 溶液,同法进行实验,观察现象是否相同。

(3)如何用实验证明硫酸铁铵是复盐,请设计步骤并实验。

提示:取 3 支试管,各加入 5 滴 0.1mol/L $NH_4Fe(SO_4)_2$ 溶液,分别用相应方法鉴定 NH_4^+、Fe^{3+}、SO_4^{2-} 的存在。

3. 配位平衡及其移动

(1)配位平衡。在 3 支试管中各加入少量自制的 $Cu(NH_3)_4SO_4$ 溶液,分别滴加 2 滴 0.1mol/L $BaCl_2$ 溶液、2 滴 0.1mol/L NaOH 溶液、2 滴 0.1mol/L Na_2S 溶液,观察现象,说明原因。

(2)配合物的取代反应。在一支试管中,加入 10 滴 0.1mol/L $FeCl_3$ 溶液和 1 滴 0.1mol/L KSCN 溶液,观察溶液颜色。向其中滴加 2mol/L NH_4F 溶液,观察溶液颜色有何变化?再滴入饱和$(NH_4)_2C_2O_4$ 溶液,溶液颜色又有怎样变化?简单解释上述现象,并写出离子方程式。

(3)配位平衡与酸碱平衡。

1)取两支试管,各加入少量自制的 $Cu(NH_3)_4SO_4$ 溶液,一支逐滴加入 1mol/L HCl 溶液,另一支逐滴加 2mol/L NaOH 溶液,观察现象,说明配离子$[Cu(NH_3)_4]^{2+}$在酸性和碱性溶液中的稳定性,写出有关的离子方程式。

2)在一支试管中,先加入 10 滴 0.1mol/L $FeCl_3$ 溶液,再逐滴滴加 2mol/L NH_4F 溶液至溶液呈无色,将此溶液分成两份,分别逐滴加入 1mol/L HCl 溶液和 2mol/L NaOH 溶液,观察现象,说明配合物离子$[FeF_6]^{3-}$在酸性和碱性溶液中的稳定性,写出有关的离子方程式。

(4)配位平衡与沉淀平衡。在一支离心试管中加入 5 滴 0.1mol/L $AgNO_3$ 溶液,按下列步骤进行实验。

1)逐滴加入 0.1mol/L NaCl 溶液至沉淀刚生成。

2)逐滴加入 6mol/L $NH_3 \cdot H_2O$ 溶液至沉淀恰好溶解。

3)逐滴加入 0.1mol/L KBr 溶液至刚有沉淀生成。

4)逐滴加入 0.1mol/L $Na_2S_2O_3$ 溶液,边滴加边剧烈振摇至沉淀恰好溶解。

5)逐滴加入 0.1mol/L KI 溶液至沉淀刚生成。

6)逐滴加入饱和 $Na_2S_2O_3$ 溶液,至沉淀恰好溶解。

7)逐滴加入 0.1mol/L Na_2S 溶液至沉淀刚生成。

写出每一步离子方程式,比较几种沉淀的溶度积大小和几种配离子的稳定常数大小,讨论配位平衡与沉淀平衡的关系。

(5)配位平衡与氧化还原反应。取两支试管各加 5 滴 0.1mol/L 的 $FeCl_3$ 溶液及 10 滴 CCl_4,然后往一支试管中滴入 2mol/L NH_4F 溶液至溶液变为无色,另一支试管中滴入几滴蒸馏水,摇匀后在两支试管中分别再滴入 5 滴 0.1mol/L KI 溶液,振荡后比较两试管中 CCl_4 层颜色,解释现象并写出离子方程式。

五、注意事项

(1)一般来说,在性质实验中,生成沉淀的步骤,沉淀量要少,即刚观察到沉淀生成就可以;使沉淀溶解的步骤,加入试液越少越好,即以使沉淀恰好溶解为宜。因此,溶液必须逐滴加入,且边滴边摇,若试管中溶液量太多,可在生成沉淀后,离心沉降弃去清液,再继续实验。

(2)NH_4F 试剂对玻璃有腐蚀作用,储藏时最好放在塑料瓶中。

六、思考题

(1)试总结影响配位平衡的主要因素。

（2）配合物与复盐的区别是什么？

（3）为什么 Na_2S 不能使 $K_4Fe(CN)_6$ 产生 FeS 沉淀，而饱和的 H_2S 溶液能使 [Cu(NH$_3$)$_4$]$^{2+}$ 溶液产生 CuS 沉淀？

实验十三　氧化还原反应

一、实验目的

（1）掌握电极电势与氧化还原反应的关系。

（2）理解氧化态或还原态物质浓度、溶液 pH 变化等因素对电极电势的影响。

（3）熟悉常用氧化剂和还原剂的反应。

二、实验原理

氧化还原反应就是反应前后元素的氧化数发生变化的化学反应，可以理解成由两个半反应构成，即氧化反应和还原反应，并且都遵守电荷守恒，即在氧化还原反应里，氧化与还原等量同时进行。

氧化还原反应的实质是发生了电子转移。具体体现：还原剂被氧化，发生氧化反应，生成氧化产物，失电子，氧化数升高，具有还原性；氧化剂被还原，发生还原反应，生成还原产物，得电子，氧化数降低，具有氧化性。由于同一反应中还原产物的还原性比还原剂弱，氧化产物的氧化性比氧化剂弱，因此，可以总结为"强还原剂制弱还原剂，强氧化剂制弱氧化剂"。

25℃时，电极反应如下：

$$氧化态 + ne \rightleftharpoons 还原态$$

该电极电势可用简化的 Nernst 方程式表示：

$$\varphi = \varphi^\ominus + \frac{0.059}{n}\lg\frac{[0x]}{[Red]}$$

从方程式可以看出，影响电极电势大小的因素是电极的本性和氧化态、还原态的浓度。φ 越大，则电对中氧化态的氧化能力越强；φ 越小，则电对中还原态的还原能力越强。

三、仪器与试剂

1. **药品**　3.0 mol/L H_2SO_4,0.1 mol/L $H_2C_2O_4$,1.0 mol/L HAc,2.0 mol/L HCl,0.1 mol/L KSCN,0.01 mol/L $KMnO_4$,0.1 mol/L $FeSO_4$,0.1 mol/L $MnSO_4$,0.1 mol/L Na_3AsO_3,1.0 mol/L 和 0.1 mol/L $CuSO_4$,0.1 mol/L KBr,0.1 mol/L KI,1.0 mol/L 和 0.1 mol/L $ZnSO_4$,0.1 mol/L $FeCl_3$,0.1 mol/L Na_2SO_3,$(NH_4)_2S_2O_8$ 固体,0.1 mol/L $AgNO_3$,0.1 mol/L $SnCl_2$,6.0 mol/L NaOH,CCl_4(CP),饱和碘水,饱和溴水,MnO_2 固体,淀粉-KI 试纸,浓盐酸。

2. **仪器**　低压电源,盐桥,多功能万用表,导线,砂纸,电极(铜片、锌片、碳棒),温度计。

四、实验方法

1. 电极电势与氧化还原反应的关系

（1）在试管中加入 0.5ml 的 0.1mol/L KI 溶液和 2～3 滴 0.1mol/L $FeCl_3$ 溶液,观察现象。再加入 0.5ml 的 CCl_4,充分振荡后观察 CCl_4 层的颜色,写出离子反应方程式。

（2）用 0.1mol/L KBr 溶液代替 0.1mol/L KI 溶液进行同样的实验,观察现象并写出离子方程式。

根据以上两个实验结果,比较 Fe^{3+}/Fe^{2+}、Br_2/Br^-、I_2/I^- 三者电极电势的大小,并指出其中最强的氧化剂和最强的还原剂。

（3）在两支试管中各加入 0.5ml 的饱和碘水和饱和溴水,分别加入 6 滴 0.1 mol/L $FeSO_4$ 溶液及 0.5ml 的 CCl_4,摇匀后观察现象,写出离子方程式。

根据以上 3 个实验结果,说明电极电势与氧化还原反应方向的关系。

（4）在试管中加入 4 滴 0.1mol/L $FeCl_3$ 溶液和 2 滴 0.01 mol/L $KMnO_4$ 溶液,摇匀后往试管中逐滴加入 0.1mol/L $SnCl_2$ 溶液,并振摇试管。待 $KMnO_4$ 溶液褪色后,加入 1 滴 0.1mol/L KSCN 溶液,观察现象,继续滴加 0.1mol/L $SnCl_2$ 溶液,观察溶液颜色的变化,解释实验现象并写出离子反应方程式。

2. 浓度对电极电势的影响　取两只 50ml 的烧杯,分别加入 30ml 的 1.0mol/L $ZnSO_4$ 溶液和 30ml 的 1.0mol/L $CuSO_4$ 溶液,在 $CuSO_4$ 溶液中插入 Cu 电极,在 $ZnSO_4$ 溶液中插入 Zn 电极,再与伏特计的接线柱相连,并用盐桥将两个溶液也连接起来,测量两极之间的电动势(图 4-13-1)。

用 0.1mol/L $ZnSO_4$ 代替 1.0mol/L $ZnSO_4$,0.1mol/L $CuSO_4$ 代替 1.0mol/L $CuSO_4$,观察电动势有何变化,解释实验现象,说明浓度的改变对电极电势的影响。

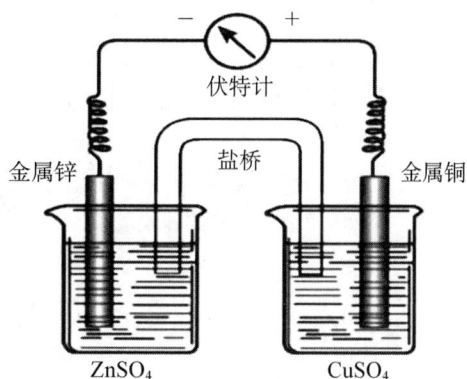

图 4-13-1　铜锌原电池的结构

3. 浓度、酸度对氧化还原反应方向的影响

（1）浓度的影响。在一支试管中加入 10 滴 2.0mol/L HCl 溶液和少许固体 MnO_2,用湿的淀粉-KI 试纸在试管口检验有无气体生成。

用浓 HCl 代替 2.0mol/L HCl 溶液进行同样的实验,比较实验结果并解释 HCl 浓度的改变对反应的影响。

（2）酸度的影响。在一支试管中依次加入 5 滴饱和碘水和 5 滴 0.1mol/L Na_3AsO_3 溶液,观察现象。然后加入少量 3.0mol/L H_2SO_4,观察有何变化并写出反应方程式。

4. 温度、酸度和催化剂对氧化还原反应速率的影响

（1）温度的影响。取两支试管,其中一支加入 3 滴 0.01mol/L $KMnO_4$ 溶液和 5 滴 3.0mol/L H_2SO_4 溶液,另一支加入 5 滴 0.1mol/L $H_2C_2O_4$ 溶液,将两支试管放在水浴中加热几分钟后混合;另取两支试管分别加入上述溶液后,不加热直接混合。比较两组混合溶液颜色的变化并解释原因。

（2）酸度的影响。在两支试管中各加入 5 滴 0.1mol/L KI 溶液,随后向其中一支试管加

入 10 滴 3.0mol/L H_2SO_4 溶液,另一支试管加入 10 滴 1.0 mol/L HAc 溶液,最后在两支试管中均加入 1 滴 0.01mol/L $KMnO_4$ 溶液,观察现象。比较两支试管中紫红色褪去的快慢并解释原因。

(3)催化剂的影响。在两支试管中分别加入 10 滴 3.0 mol/L H_2SO_4 溶液、1 滴 0.1 mol/L $MnSO_4$ 溶液和少量$(NH_4)_2S_2O_8$ 固体,振荡使其溶解。然后向其中一支试管加入 1~2 滴 0.1 mol/L $AgNO_3$ 溶液,另一支不加。略微加热后观察现象,比较两支试管中颜色的变化并解释原因。

5. 酸度对氧化还原产物的影响　取 3 支试管均加入 2 滴 0.01mol/L $KMnO_4$ 溶液,然后向第一支试管中加入 5 滴 3.0mol/L H_2SO_4 溶液,第二支试管加入 5 滴 H_2O,第三支试管加入 5 滴 6.0 mol/L NaOH 溶液,最后 3 支试管各加入 5 滴 0.1 mol/L 的 Na_2SO_3 溶液。观察实验现象并写出离子反应方程式。

五、注意事项

(1)有 NO_2 气体生成的反应,应在通风橱中进行。

(2)加 CCl_4 时注意观察溶液上、下层颜色的变化。

六、思考题

(1)从实验结果讨论氧化还原反应和哪些因素有关?

(2)氧化还原反应的方向是由哪些因素决定的?

实验十四　盐酸标准溶液的配制与标定

一、实验目的

(1)掌握盐酸标准溶液配制与标定的方法、原理。

(2)能正确使用滴定管和电子天平。

(3)学会用甲基红-溴甲酚绿指示剂确定滴定终点。

(4)学会计算盐酸标准溶液的浓度。

盐酸标准溶液的
配制与标定

二、实验原理

HCl 溶液是酸碱滴定法中最常用的标准溶液之一。由于浓盐酸具有挥发性,不能直接配制 HCl 标准溶液,应采用间接法配制。即先配制成近似所需浓度的溶液,然后进行标定。标定盐酸常用的基准物质是无水碳酸钠。可选用甲基红-溴甲酚绿混合指示剂,当滴定至溶液由绿色变为紫红色时,煮沸溶液约 2 分钟,除去 CO_2,冷却至室温,再继续滴定至暗紫色,即为滴定终点。反应方程式和计算公式如下。

$$2HCl + Na_2CO_3 = 2NaCl + H_2O + CO_2 \uparrow$$

$$c_{HCl} = \frac{2m_{Na_2CO_3}}{V_{HCl}M_{Na_2CO_3}} \times 10^3$$

三、仪器与试剂

1. 药品　浓盐酸(AR)、基准碳酸钠、甲基红-溴甲酚绿混合指示剂。
2. 仪器　酸碱两用滴定管、称量瓶、分析天平(或电子天平)、量筒、试剂瓶、锥形瓶等。

四、实验方法

1. 0.1mol/L HCl 标准溶液的配制　市售浓 HCl 的密度是 1.19g/ml，质量分数为 0.37，浓 HCl 物质的量浓度如下。

$$c_{HCl} = \frac{1000 \times 1.19 \times 0.37}{36.5} \approx 12(mol/L)$$

配制 0.1mol/L HCl 1000ml 应取浓 HCl 的体积如下。

$$V = \frac{1000 \times 0.1}{12} = 8.3(ml)$$

浓 HCl 易挥发，配制时取量应比计算量多一些，取 9.0ml。

用洁净的量筒取浓盐酸 9.0ml，置于 1000ml 量筒中，再用纯化水稀释至 1000ml，混合均匀，倒入试剂瓶中，密塞，待标定。

2. 0.1mol/L HCl 标准溶液的标定　用减重法精密称取在 270~300℃ 干燥至恒重的基准无水 Na_2CO_3 0.1g，置于 250ml 锥形瓶中，加 25ml 纯化水溶解后，加甲基红-溴甲酚绿混合指示剂 10 滴，用待标定的 HCl 溶液滴定溶液由绿色变为紫红色，煮沸 2 分钟，冷却至室温，继续滴定至暗紫色，即为终点。记录消耗 HCl 溶液的体积。

平行测定 3 次。

五、实验结果

实验结果记录于表 4-14-1。

表 4-14-1　HCl 标准溶液的标定记录

参数	1	2	3
$m_{Na_2CO_3}/(g)$			
$V_{HCl}/(ml)$			
$c_{HCl}/(mol/L)$			
$\bar{c}_{HCl}/(mol/L)$			
$R\bar{d}$			

六、注意事项

(1) Na_2CO_3 有很强的吸湿性，在使用前需在 270~300℃ 的烘箱中加热约 1 小时，保存于干燥器中。

(2) 指示剂的用量要适当，否则会影响终点观察。

(3) 溶液在使用前必须充分摇匀，否则内部不匀，会导致每次取出的溶液浓度不同，影响分析结果。

七、思考题

(1)用吸潮后的基准 Na_2CO_3 标定 HCl 溶液,对标定结果有什么影响?

(2)滴定两份相同试样时,若第一份用去标准溶液约 20ml,在滴定第二份试样时,是继续使用余下的溶液还是添加标准溶液至滴定管的 0 刻度附近后再滴定? 哪一种操作是正确的?

实验十五 氢氧化钠标准溶液的配制与标定

一、实验目的

(1)掌握氢氧化钠标准溶液配制与标定的方法、原理。
(2)能正确使用滴定管、移液管和电子天平。
(3)学会用酚酞指示剂确定滴定终点。
(4)学会计算氢氧化钠标准溶液的浓度。

氢氧化钠标准溶液的
配制与标定

二、实验原理

氢氧化钠具有很强的吸湿性,且容易吸收空气中 CO_2,生成 Na_2CO_3。因此,应采用间接法配制 NaOH 标准溶液。

NaOH 吸收空气中的 CO_2 生成 Na_2CO_3,在 NaOH 饱和溶液中 Na_2CO_3 不易溶解。因此,要先将 NaOH 配成饱和溶液(20mol/L),静置数日,Na_2CO_3 因溶解度小,作为不溶物下沉于溶液底部。配制时可取 NaOH 饱和溶液的上层清液进行稀释即可。

标定氢氧化钠最常用的基准物质是邻苯二甲酸氢钾。由于其滴定产物邻苯二甲酸钾钠呈弱碱性,因此,选用酚酞作指示剂,滴定至溶液呈淡红色且 30 秒内不褪色,即为滴定终点。

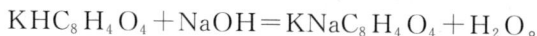

$KHC_8H_4O_4 + NaOH = KNaC_8H_4O_4 + H_2O$。

$$c_{NaOH} = \frac{m_{KHC_8H_4O_4}}{V_{NaOH}M_{KHC_8H_4O_4}} \times 10^3$$

$$M_{KHC_8H_4O_4} = 204.23g/mol$$

三、仪器与试剂

1. **药品** 固体氢氧化钠、基准邻苯二甲酸氢钾、酚酞指示剂。
2. **仪器** 酸碱两用滴定管、移液管、称量瓶、分析天平(或电子天平)、量筒、试剂瓶、锥形瓶等。

四、实验方法

1. **0.1mol/L NaOH 标准溶液的配制** 配制 0.1mol/L NaOH 1000ml,应取澄清饱和 NaOH 溶液的体积如下。

$$V=\frac{1000\times0.1}{20}=5.0(\text{ml})$$

一般比实际计算量多取一些，取 5.6ml。

用洁净的量筒取 NaOH 饱和溶液的上层清液 5.6ml，置于 1000ml 的量筒中，用新煮沸并冷却的纯化水稀释至 1000ml，混匀后倒入试剂瓶中，密塞，待标定。

2. 0.1mol/L NaOH 标准溶液的标定　精密称取邻苯二甲酸氢钾（$KHC_8H_4O_4$）0.5g，置于 250ml 锥形瓶中，加纯化水 50ml 使之完全溶解。加酚酞指示剂 2 滴，用待标定的 NaOH 溶液滴定至溶液呈淡红色且 30 秒不褪色，即为终点。记录消耗 NaOH 溶液的体积，计算 NaOH 溶液的准确浓度。

平行测定 3 次。

五、实验结果

实验结果记录于表 4-15-1。

表 4-15-1　NaOH 标准溶液的标定记录

参数	1	2	3
$m_{KHC_3H_4O_4}/(g)$			
$V_{NaOH}/(ml)$			
$c_{NaOH}/(mol/L)$			
$\bar{c}_{NaOH}/(mol/L)$			
$R\bar{d}$			

六、注意事项

（1）装 NaOH 溶液的试剂瓶不可用玻璃塞，否则易被腐蚀而粘住。

（2）NaOH 标准溶液在使用和保存时，应装在配有虹吸管及碱石棉管的瓶中，以防止吸收空气中的 CO_2。

七、思考题

（1）为什么用 HCl 滴定 NaOH 时，常用甲基橙作为指示剂，而用 NaOH 滴定 HCl 时却用酚酞作为指示剂？

（2）标定 NaOH 标准溶液时，达到滴定终点溶液变为淡红色，为什么要求 30 秒内不褪色？

实验十六　食醋总酸度的测定

一、实验目的

（1）掌握食醋总酸度的测定方法。

（2）熟练掌握酸碱滴定分析的操作过程。

（3）了解强碱滴定弱酸的反应原理及指示剂的选择。

二、实验原理

食醋的主要成分为乙酸（CH_3COOH，常用 HAc 表示），每 100ml 中含量为 3～5（单位 g/100ml），此外，还有少量的乳酸等有机酸，这些酸的 $ck_a \geq 10^{-8}$，因此，可以用 NaOH 标准溶液直接滴定，测定食醋中酸的总含量（国标以食醋中较多的乙酸含量代表其总酸的含量）。发生酸碱中和反应如下。

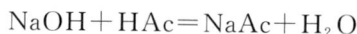

$$NaOH + HAc = NaAc + H_2O$$

选取酚酞作为指示剂，用标准 NaOH 溶液为滴定剂，根据滴定过程消耗的 NaOH 溶液和食醋样品溶液的体积，测定出食醋中总酸的含量，计算方法如下。

$$\rho(g/100ml) = \frac{c_{NaOH} \times V_{NaOH} \times M_{HAc}}{V_{HAc} \times 10}$$

三、仪器与试剂

1. 仪器　酸碱两用滴定管、锥形瓶、移液管、容量瓶、聚乙烯试剂瓶、烧杯、洗瓶、玻璃棒等。

2. 药品　食醋、已标定的 NaOH 标准溶液（0.1mol/L）、酚酞指示剂。

四、实验方法

1. 标准溶液的准备　用 0.1mol/L NaOH 标准溶液润洗滴定管并装液，排出滴定管内气泡并调整液面至 0 刻度。

2. 食醋样品溶液的准备　用少量待测食醋样品溶液润洗移液管，准确移取样品溶液 3ml 于锥形瓶中，加水 20ml，加入 2 滴酚酞指示剂，摇匀，溶液呈无色。

3. 食醋总酸度的测定　用标准 NaOH 溶液滴定食醋，边滴边振摇锥形瓶，至锥形瓶内溶液变为浅红色，且 30 秒内不褪色，即为滴定终点。读取滴定管上消耗的 NaOH 溶液体积并记录。

平行测定 3 次。

五、实验结果

实验结果记录于表 4-16-1。

表 4-16-1　食醋总酸度的测定记录

参数	1	2	3
V_{HAc}/（ml）			
V_{NaOH}/（ml）			
c_{NaOH}/（mol/L）			
ρ_{HAc}/（g/100ml）			
$\bar{\rho}_{HAc}$/（g/100ml）			
$R\bar{d}$			

六、注意事项

(1)为减少仪器误差,要使用同一支移液管移取 3 份食醋。

(2)乙酸具有一定的挥发性,在测量时要取一份,做一份,取用后要立即将试剂瓶盖盖好,防止挥发。

(3)用纯化水润洗后,再用少量待测食醋样品溶液润洗移液管。

(4)实验用纯化水在使用前应加热煮沸 2～3 分钟,尽可能除去溶解的 CO_2,以防止 CO_2 溶于水生成碳酸,被 NaOH 标准溶液滴定,造成实验误差。

(5)临近终点,控制好滴定速度,并用蒸馏水冲洗锥形瓶内壁。

七、思考题

(1)测定食醋总酸度时,为什么要用酚酞作指示剂?

(2)吸取食醋样品溶液的移液管为什么要用样品溶液润洗?装该样品溶液的锥形瓶是否需要润洗,为什么?

(3)为了避免 CO_2 对实验的干扰,滴定过程中的实验用纯化水应怎样处理?

实验十七　混合碱的分析

一、实验目的

(1)掌握用双指示剂法测定混合碱各组分含量的原理和方法。

(2)学会双指示剂法的含量计算方法。

(3)了解酸碱滴定法的应用。

二、实验原理

氢氧化钠在保存过程中可能吸收空气中 CO_2 而部分或全部变质。

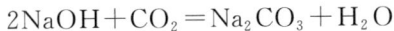

$$2NaOH+CO_2=Na_2CO_3+H_2O$$
$$Na_2CO_3+H_2O+CO_2=2NaHCO_3$$

根据变质的程度分析,药用氢氧化钠成分存在 5 种情况:①NaOH;②NaOH 和 Na_2CO_3;③Na_2CO_3;④Na_2CO_3 和 $NaHCO_3$;⑤$NaHCO_3$。

用盐酸滴定液进行滴定,根据试样(质量为 m_s)成分不同,在滴定过程中可能发生不同反应。

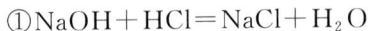

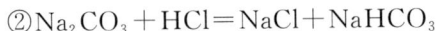

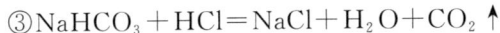

①$NaOH+HCl=NaCl+H_2O$

②$Na_2CO_3+HCl=NaCl+NaHCO_3$

③$NaHCO_3+HCl=NaCl+H_2O+CO_2\uparrow$

其中反应①和②以酚酞为指示剂,用盐酸滴定至溶液红色恰好褪去,记录消耗盐酸总体积 V_1。反应③以甲基橙为指示剂,用盐酸滴定至溶液由黄色变为橙色,记录消耗盐酸体积 V_2。

如果 $V_1>0$,$V_2=0$,表明没有 $NaHCO_3$ 和 Na_2CO_3,则试样成分为纯净的 NaOH。

如果 $V_1 > V_2 > 0$，则试样成分为 NaOH 和 Na_2CO_3，其中 Na_2CO_3 消耗盐酸体积与其产生的 $NaHCO_3$ 消耗盐酸体积相同，均为 V_2，则 NaOH 消耗盐酸体积为 V_1-V_2。

$$\omega_{NaOH} = \frac{c_{HCl}V_1M_{NaOH}}{1000m_s}$$

$$\omega_{Na_2CO_3} = \frac{c_{HCl}(V_2-V_1)M_{Na_2CO_3}}{2m_s \times 1000}$$

如果 $V_2 > 0$，$V_1 = 0$，则样品成分为纯净的 $NaHCO_3$。

三、仪器与试剂

1. 药品　混合碱试样、酚酞指示剂、甲基橙指示剂、0.1mol/L 盐酸标准溶液等。
2. 仪器　容量瓶、锥形瓶、电子天平、玻璃棒、烧杯、胶头滴管、移液管、酸碱两用滴定管、称量瓶、洗瓶、洗耳球、铁架台、蝴蝶夹等。

四、实验方法

（1）混合碱样品溶液的配制。用减量法精密称取混合碱试样 m（0.2～0.4g），用容量瓶精确配制成 100ml 溶液。

（2）混合碱样品溶液的滴定分析。用移液管移取 25.00ml 置于锥形瓶中，加入酚酞指示剂 2 滴，用盐酸滴定液滴定至溶液红色恰好褪去，记录消耗盐酸体积 V_1。

（3）向溶液中加入甲基橙 2 滴，用盐酸继续滴定至溶液由黄色变为橙色，记录消耗盐酸体积 V_2。

（4）平行测定 3 次。

五、实验结果

实验结果记录于表 4-17-1。

表 4-17-1　混合碱中各组分含量的测定记录

参数	1	2	3
$m/(g)$			
$m_s(m_s = m \times 25/100)/(g)$			
$V_1/(ml)$			
$V_2/(ml)$			
$\omega_{Na_2CO_3}$			
ω_{NaOH} 或 ω_{NaHCO_3}			
$\bar{\omega}_{NaHCO_3}$			
$\bar{\omega}_{NaOH}$ 或 $\bar{\omega}_{NaHCO_3}$			
$R\bar{d}_{Na_2CO_3}$			
$R\bar{d}_{NaHO或NaHCO_3}$			

六、注意事项

(1)久置 NaOH 试样各部分可能组成不同,所以不能采取多次称量法分别测定,因为每次取样不具有代表性,必须充分混合均匀,配成溶液,采用多次移取法进行测量。

(2)混合碱中若含有 NaOH,称量的速度要快,而且滴定前不宜在空气中久置,否则容易吸收空气中 CO_2,使 NaOH 含量减少,Na_2CO_3 含量增加。

(3)实验过程中滴定速度要慢,临近终点时,每加一滴盐酸都要充分摇匀至溶液颜色稳定后再继续。

(4)第二步滴定接近终点时应剧烈摇动锥形瓶除去 CO_2 或将溶液煮沸冷却后再滴定至终点。

(5)每次测定试样质量应为总试样质量的 1/4。

七、思考题

在混合碱分析中,采用双指示剂法,设 V_1 为用酚酞指示剂时滴到终点所消耗 HCl 溶液的体积,V_2 为用甲基橙指示剂时滴到终点又消耗 HCl 溶液的体积。根据下面 V_1 和 V_2 的关系确定混合碱是 $NaOH$,Na_2CO_3 和 $NaHCO_3$ 中的哪一种或是它们中哪两种的混合物。

①$V_1 = V_2$;②$V_1 > V_2$;③$V_1 < V_2$;④$V_1 = 0$,$V_2 > 0$;⑤$V_1 > 0$,$V_2 = 0$。

实验十八　药用硼砂含量的测定

一、实验目的

(1)掌握酸碱滴定法测定药用硼砂含量的方法。

(2)掌握测定药用硼砂含量的计算方法。

(3)学会甲基橙指示剂、酚酞指示剂的使用。

二、实验原理

硼砂($Na_2B_4O_7 \cdot 10H_2O$)又称十水四硼酸钠,低毒性,具有杀菌作用。药用硼砂可用于皮肤的消毒防腐。硼砂属于弱酸强碱盐,其水解后溶液呈较强的碱性,用标准 HCl 溶液作为滴定剂,滴定反应如下。

$$Na_2B_4O_7 + 2HCl + 5H_2O = 2NaCl + 4H_3BO_3$$

由于在上述反应中存在硼酸-硼砂缓冲对,如果用 HCl 滴定液直接滴定硼砂溶液,HCl 与硼砂的反应不能进行完全,并且滴定终点的观察也受一定的影响。故 2015 年版《中国药典》采用间接滴定法测定药用硼砂的含量。即在上述溶液中加入甘油与生成的硼酸反应,生成甘油硼酸,破坏缓冲作用,防止对终点的干扰,提高反应的完成程度。再用 NaOH 滴定液与甘油硼酸发生定量反应,根据消耗 NaOH 滴定液的量,间接计算药用硼砂的含量。从反应原理可知,1mol $Na_2B_4O_7$ 相当于 4mol H_3BO_3,相当于 4mol 甘油硼酸,相当于 4 mol NaOH。按下式计算 $Na_2B_4O_7 \cdot 10H_2O$ 的含量。

$$\mathrm{Na_2BO_7 \cdot 10H_2O}\% = \frac{c_{\mathrm{NaOH}} V_{\mathrm{NaOH}} M_{\mathrm{Na_2BO_7 \cdot 10H_2O}} \times 10^{-3}}{4m_s} \times 100\%$$

三、仪器与试剂

1. 药品　HCl滴定液(0.1mo/L)、NaOH滴定液(0.1mol/L)、药用硼砂、甲基橙指示剂、酚酞指示剂、中性甘油。

2. 仪器　锥形瓶、酸碱两用滴定管、电子天平、量筒、电炉。

四、实验方法

精密称取药用硼砂3份,每份重量约为0.4g,分别置于锥形瓶中,加纯化水约25ml溶解,加0.05%甲基橙指示剂1滴,用HCl滴定液滴定至溶液由黄色变为橙红色,煮沸2分钟,冷却,如溶液呈黄色,继续滴定至溶液成橙红色,加中性甘油(取甘油80ml,加水20ml与酚酞指示液1滴,用0.1mol/L NaOH滴定液滴定至粉红色)80ml与酚酞指示液8滴,用NaOH滴定液滴定至显粉红色,记录NaOH滴定液的消耗量。

五、实验结果

实验结果记录于表4-18-1。

表4-18-1　药用硼砂含量的测定记录

参数	1	2	3
m_s/(g)			
c_{NaOH}/(mol/L)			
V_{NaOH}(ml)			
$\mathrm{Na_2B_4O_7 \cdot 10H_2O}\%$			
$\mathrm{Na_2B_4O_7 \cdot 10H_2O}\%$平均值			
$R\bar{d}$			

六、注意事项

(1)规范使用电子天平和滴定分析器皿,以减小操作误差。

(2)硼砂颗粒不易溶解,可加热使其溶解,冷却后再进行滴定。

(3)接近终点时,需控制好滴定剂的半滴加入。

七、思考题

(1)若硼砂保存不当,失去部分结晶水,对测定结果会有什么影响?

(2)实验中加入中性甘油的作用是什么?如果不加对测定结果会有什么影响?

(3)本实验的方法适用于哪些物质含量的测定?

实验十九 硝酸银标准溶液的配制与标定

一、实验目的

(1)掌握硝酸银标准溶液配制与标定的方法、原理。

(2)能正确使用酸碱两用滴定管、托盘天平、电子天平。

(3)学会用荧光黄指示剂确定滴定终点。

(4)学会计算硝酸银标准溶液的浓度。

二、实验原理

银量法是沉淀滴定法中具有代表性的方法之一，主要是利用银离子与卤素离子形成难溶性银盐的沉淀反应，进行沉淀滴定的分析方法，常用的标准溶液是 $AgNO_3$ 溶液。

$AgNO_3$ 标准溶液可以用经过预处理的基准试剂 $AgNO_3$ 直接配制。而非基准试剂 $AgNO_3$ 中因常含有杂质如金属 Ag、Ag_2O、游离 HNO_3、HNO_2 等，应采用间接法配制。先配制成近似浓度的溶液后，再进行标定。

标定 $AgNO_3$ 溶液常用的基准物质是氯化钠。可选用荧光黄指示剂，当滴定至溶液由黄绿色变微红色时，即为滴定终点。

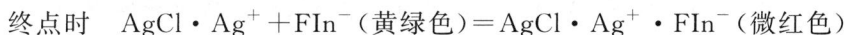

终点前　$Ag^+ + Cl^- = AgCl\downarrow$

终点时　$AgCl \cdot Ag^+ + FIn^-（黄绿色）= AgCl \cdot Ag^+ \cdot FIn^-（微红色）$

$$C_{AgNO_3} = \frac{m_{NaCl}}{M_{NaCl}V_{AgNO_3}} \times 10^3$$

三、仪器与试剂

1. 药品　硝酸银(AR)、基准 NaCl、固体 $CaCO_3$、荧光黄指示剂(0.1%的乙醇溶液)、糊精溶液(1→50)。

2. 仪器　托盘天平、电子天平、称量瓶、棕色试剂瓶、锥形瓶、酸碱两用滴定管、移液管、量筒、烧杯等。

四、实验方法

1. 0.1mol/L $AgNO_3$ 标准溶液的配制　用托盘天平称取分析纯 $AgNO_3$ 晶体约 9.0g 置于烧杯中，加适量纯化水溶解，稀释为 500ml 溶液，搅拌均匀后，转移至棕色试剂瓶中，贴好标签，避光保存，待标定。

2. 0.1mol/L $AgNO_3$ 标准溶液的标定　用减重法精密称取基准 NaCl(在 110℃ 干燥至恒重)0.12g，置于 250ml 锥形瓶中，加 50ml 纯化水使其溶解后，再加入糊精溶液(1→50)5ml，碳酸钙 0.1g，荧光黄指示剂 8 滴，摇匀，此时溶液呈黄绿色。用待标定的 $AgNO_3$ 溶液滴定至浑浊液由黄绿色变为微红色时停止滴定，即为终点。记录消耗 $AgNO_3$ 溶液的体积。

平行测定 3 次。

五、实验结果

实验结果记录于表 4-19-1。

表 4-19-1 AgNO₃ 标准溶液的标定记录

参数	1	2	3
$m_{NaCl}/(g)$			
$V_{AgNO_3}/(ml)$			
$c_{AgNO_3}/(mol/L)$			
$\bar{c}_{AgNO_3}/(mol/L)$			
$R\bar{d}$			

六、注意事项

(1)$AgNO_3$ 滴定液应置于具玻璃塞的棕色试剂瓶中,密闭、遮光保存。

(2)称量基准 NaCl 时,应采用减重法迅速称量。

(3)为使 AgCl 保持溶胶状态,应先加入糊精溶液,再加入 $AgNO_3$ 滴定液。

(4)实验完毕,将滴定管中剩余的 $AgNO_3$ 滴定液倒入回收瓶中,不能倒入水槽中。

(5)实验中盛装过 $AgNO_3$ 滴定液的仪器应先用纯化水淋洗,再用自来水洗涤,以免形成 AgCl 沉淀附着在滴定管内壁上。

七、思考题

(1)滴定前为什么要加入糊精溶液?

(2)实验完毕后,为什么要将滴定管先用纯化水淋洗,然后再用自来水洗涤?

(3)实验中加入碳酸钙是什么道理?

实验二十 生理盐水中氯化钠含量的测定

一、实验目的

(1)掌握生理盐水中氯化钠含量测定的原理和方法。

(2)掌握 $AgNO_3$ 滴定液的配制和标定方法。

(3)熟练使用滴定管、移液管。

二、实验原理

铬酸钾指示剂法是生理盐水中氯化钠含量测定时比较常用的方法之一。此法用 NaCl 基

准试剂对 $AgNO_3$ 滴定液进行标定,以 K_2CrO_4 为指示剂,由于 AgCl 沉淀的溶解度比 Ag_2CrO_4 小,因此,溶液中首先析出 AgCl 沉淀。当 AgCl 定量沉淀后,砖红色 Ag_2CrO_4 沉淀生成,指示达到终点。主要反应式如下。

终点前 $Ag^+ + Cl^- \rightleftharpoons AgCl\downarrow$(白色)

终点时 $2Ag^+ + CrO_4{}^{2-} \rightleftharpoons Ag_2CrO_4\downarrow$(砖红色)

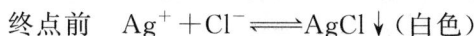

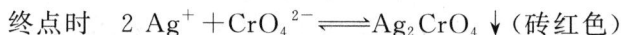

按下式计算 $AgNO_3$ 滴定液的浓度。

$$c_{AgNO_3} = \frac{m_{NaCl}}{M_{NaCl}V_{AgNO_3}} \times 10^3$$

根据相同原理,用已标定的 $AgNO_3$ 滴定液滴定生理盐水中的氯化钠,按下式计算生理盐水中氯化钠含量。

$$\rho_{NaCl} = \frac{c_{AgNO_3}V_{AgNO_3}M_{NaCl}}{V_{生理盐水}}$$

三、仪器与试剂

1. 药品 NaCl 基准试剂(110℃ 干燥至恒重后,置于干燥器中冷却备用),固体 $AgNO_3$(AR级),5% K_2CrO_4 溶液,生理盐水。

2. 仪器 酸碱两用滴定管、电子天平、移液管、锥形瓶。

四、实验方法

1. 0.1mol/L $AgNO_3$ 滴定液的配制与标定 0.1mol/L $AgNO_3$ 滴定液的配制与标定方法参见实验十九。

2. 生理盐水中氯化钠含量的测定 精确吸取 25.00ml 生理盐水于 250ml 锥形瓶中,加 25ml 纯化水和 5% K_2CrO_4 溶液 1ml,在不断摇动下,用 $AgNO_3$ 滴定液滴定至溶液呈砖红色即为终点。记录消耗 $AgNO_3$ 滴定液的量。

平行测定 3 次,计算生理盐水中氯化钠含量。

五、实验结果

实验结果记录于表 4-20-1。

表 4-20-1 生理盐水中氯化钠含量的测定记录

参数	1	2	3
$V_{生理盐水}$/(ml)			
V_{AgNO_3}/(ml)			
c_{AgNO_3}/(mol/L)			
ρ_{NaCl}			
$\bar{\rho}_{NaCl}$			
$\overline{Rd}$			

六、注意事项

（1）配制 $AgNO_3$ 滴定液所用的纯化水应无 Cl^-，否则配制的 $AgNO_3$ 溶液出现白色浑浊不能使用。

（2）$AgNO_3$ 标准溶液要保存在棕色试剂瓶中，装在棕色滴定管中滴定，滴定时避免强光照射。

（3）为了减少沉淀的吸附作用，滴定过程中必须剧烈振摇溶液。

（4）实验结束后，盛装 $AgNO_3$ 的滴定管应先用纯化水冲洗 $2\sim3$ 次，再用自来水冲洗，以免产生 $AgCl$ 沉淀，难以洗净。含银废液应予以回收，不得随意倒入水槽。

（5）滴定终点的颜色接近于浅红色，即白色的 $AgCl$ 沉淀中混有少量砖红色的 Ag_2CrO_4 沉淀，要防止超过终点。

七、思考题

（1）K_2CrO_4 为指示剂的浓度太大或太小，对测定有何影响？

（2）铬酸钾指示剂法测定 Cl^- 时，溶液的 pH 应控制在什么范围？为什么？

（3）滴定过程中为什么要充分摇动溶液？否则会对结果有什么影响？

（4）滴定过程中为什么终点前出现 $AgCl$ 沉淀，终点时出现 Ag_2CrO_4 沉淀？

（5）实验结束后，废液为什么不能随意倒入水槽，应该如何处理？

实验二十一　EDTA 标准溶液的配制与标定

一、实验目的

（1）掌握 EDTA 标准溶液配制与标定的方法、原理。

（2）能正确使用铬黑 T 指示剂确定滴定终点。

（3）学会控制配位滴定的条件。

（4）学会计算 EDTA 标准溶液的浓度。

EDTA 标准溶液的
配制与标定

二、实验原理

由于 EDTA 在水中的溶解度小，EDTA 标准溶液常用乙二胺四乙酸二钠盐配制。乙二胺四乙酸二钠为白色粉末，不易得纯品，其标准溶液用间接法配制。先配制成近似所需浓度的溶液，然后进行标定。通常标定 EDTA 标准溶液的基准物质是 ZnO，一般在 pH＝10 的 $NH_3 \cdot H_2O\text{-}NH_4Cl$ 缓冲溶液中，以铬黑 T 为指示剂，溶液由紫红色变为纯蓝色即为滴定终点。

滴定前　$Zn^{2+} + HIn^{2-}（纯蓝色）= ZnIn^-（紫红色）+ H^+$

滴定中　$Zn^{2+} + H_2Y^{2-} = ZnY^{2-} + 2H^+$

终点时　$ZnIn^-（紫红色）+ H_2Y^{2-} = ZnY^{2-} + HIn^{2-}（纯蓝色）+ H^+$

$$c_{EDTA} = \frac{m_{ZnO}}{M_{ZnO} V_{EDTA}} \times 10^3$$

三、仪器与试剂

1. **药品**　乙二胺四乙酸二钠(AR),基准 ZnO,0.5%铬黑 T 指示剂(取 0.2g 铬黑 T 溶于 15ml 三乙醇胺,待完全溶解后,加 5ml 无水乙醇即得),稀 HCl,0.025%甲基红乙醇溶液,氨试液,$NH_3 \cdot H_2O$-NH_4Cl 缓冲溶液(pH=10)。

2. **仪器**　量筒、试剂瓶、锥形瓶、烧杯、酸碱两用滴定管、移液管、称量瓶、托盘天平、电子天平、电炉等。

四、实验方法

1. **0.02mol/L EDTA 标准溶液的配制**　用托盘天平称取 EDTA-2Na·$2H_2O$ 7.5g 置于 500ml 的烧杯中,加适量纯化水,加热搅拌使之溶解,冷却至室温,稀释至 1000ml,摇匀,转移到试剂瓶中,贴好标签,待标定。

2. **0.02mol/L EDTA 标准溶液的标定**　用减重法精密称取在 800℃灼烧至恒重的基准 ZnO 0.12g,置于 250ml 锥形瓶中,加稀盐酸 3ml 使其溶解,加 25ml 纯化水和甲基红指示剂 1 滴,滴加氨试液至溶液呈微黄色。再加入 25ml 纯化水,10ml $NH_3 \cdot H_2O$-NH_4Cl 缓冲溶液 (pH=10),铬黑 T 指示剂少许,用待标定的 EDTA 标准溶液滴定至溶液由紫红色变为纯蓝色,即为终点。记录消耗 EDTA 标准溶液的体积。

平行测定 3 次。

五、实验结果

实验结果记录于表 4-21-1。

表 4-21-1　EDTA 标准溶液的标定记录

参数	1	2	3
m_{ZnO}/(g)			
V_{EDTA}/(ml)			
c_{EDTA}/(mol/L)			
$\bar{c}_{EDTA}$/(mol/L)			
$R\bar{d}$			

六、注意事项

(1)EDTA 在冷水中溶解较慢,因此,需加热溶解,待冷却后稀释至刻度。

(2)长期贮存 EDTA 标准溶液应选用聚乙烯塑料瓶,以免 EDTA 与玻璃中的金属离子发生配位反应。

(3)ZnO 加稀盐酸后,必须使其全部溶解后才能加水稀释,否则会使溶液变得浑浊。

(4)甲基红指示剂只需加 1 滴,如多加会在滴加氨试液后使溶液呈现较深的黄色,影响终点颜色的判断。

(5)滴加氨试液至溶液呈现微黄色,应边滴加边振荡,如过量会生成 $Zn(OH)_2$ 沉淀,可加稀盐酸调回至沉淀刚溶解。

七、思考题

(1)标定 EDTA 标准溶液时,为什么要加入 $NH_3 \cdot H_2O-NH_4Cl$ 缓冲溶液?

(2)酸度对配位滴定有何影响?选择指示剂遵循什么原则?

实验二十二　自来水总硬度的测定

一、实验目的

(1)掌握配位滴定法测定自来水总硬度的原理、条件和方法。

(2)掌握铬黑 T 指示剂的应用,了解金属指示剂的特点。

(3)了解水的总硬度的表示方法。

二、实验原理

Ca^{2+}、Mg^{2+} 是决定自来水总硬度的主要离子。对于水的总硬度,我国《生活饮用水卫生标准》(GB5749-2006)规定,总硬度以 $CaCO_3$ 计,不得超过 450mg/L。用 EDTA 标准溶液滴定自来水,测定其中 Ca^{2+}、Mg^{2+} 的浓度之和,即可得到以 $CaCO_3$ 为指标测定的自来水的总硬度。

水的总硬度测定一般采用配位滴定法,常用滴定液为 EDTA 标准溶液,铬黑 T(EBT)指示剂指示终点。在 pH=10 的氨-氯化铵缓冲溶液中,游离态的 EBT 为纯蓝色,与 Ca^{2+}、Mg^{2+} 结合则形成酒红色的配合物。

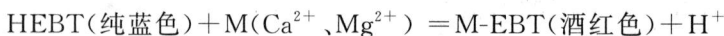

HEBT(纯蓝色)+M(Ca^{2+}、Mg^{2+})=M-EBT(酒红色)+H^+

滴定前　HEBT+M(Ca^{2+}、Mg^{2+})=M-EBT(酒红色)+H^+

终点　　M-EBT+H_2Y^{2-}=MY^{2-}+HEBT(纯蓝色)+H^+

$$\rho = \frac{c_{EDTA} \times V_{EDTA} \times M_{CaCO_3}}{V_{水样}} \times 1000 (mg/L)$$

三、仪器与试剂

1. 药品　EDTA(0.02mol/L),铬黑 T(EBT)指示剂(铬黑 T 与固体 NaCl 按 1:100 比例混合),氨-氯化铵缓冲溶液(pH=10)(称取 54g NH_4Cl 固体溶解于水中,加 350ml 浓氨水,用水稀释至 1L)。

2. 仪器　电子天平、烘箱、称量瓶、铁架台、250ml 锥形瓶、50ml 移液管、酸式滴定管、250ml 烧杯等。

四、实验方法

1. EDTA 标准溶液的配制与标定　　EDTA 标准溶液(0.02mol/L)的配制与标定方法参见实验二十一。

2. 自来水总硬度的测定　　打开水龙头,先放 5 分钟,用已洗净的大烧杯接水样 500ml。取 3 个干净的 250ml 锥形瓶,贴上标签编号,向每个锥形瓶中注入 100ml 自来水样(50ml 移液管量取 2 次),加 10ml NH_3-NH_4Cl 缓冲溶液(pH=10)和少量铬黑 T 指示剂粉末(干净药勺取适量),摇匀。用 EDTA 标准溶液滴定至锥形瓶中,溶液的颜色由酒红色变为纯蓝色即为终点,记录读数。

五、实验结果

实验结果记录于表 4-22-1。

表 4-22-1　水的总硬度测定记录

参数	1	2	3
$V_{自来水}$/(ml)			
c_{EDTA}/(mol/L)			
V_{EDTA}/(ml)			
ρ/(mg/L)			
$\bar{\rho}$/(mg/L)			
$R\bar{d}$			

六、注意事项

(1)自来水样较纯、杂质少,可省去水样酸化、煮沸等步骤。若水中钙、镁的重碳酸盐含量较大时,要预先酸化水样,并加热除去二氧化碳,以防碱化后生成碳酸盐沉淀,影响滴定时反应进行。

(2)如果 EBT 指示剂在水样中变色缓慢,则可能是由于 Mg^{2+} 含量低,这时应在滴定前加入少量 Mg^{2+} 溶液,开始滴定时滴定速度宜稍快,接近终点滴定速度宜慢,每加 1 滴 EDTA 溶液后,都要充分摇匀。

(3)滴定中如果有 Fe^{3+}、Al^{3+} 的干扰,可加入三乙醇胺掩蔽;如果有 Cu^{2+}、Zn^{2+}、Pb^{2+} 的干扰,可加入 Na_2S 掩蔽。

(4)为提高终点的敏锐性,通常在 EDTA 溶液中加入适量 Mg^{2+},因为 Mg-EBT 的稳定性大于 Ca-EBT,滴定过程中,Ca^{2+} 把 Mg-EDTA 中的 Mg^{2+} 置换出来;终点时,EDTA 把 Mg-EBT 中的 Mg^{2+} 夺出,溶液由紫红色变成纯蓝色。

七、思考题

(1)自来水的硬度测定为什么要加 NH_3-NH_4Cl 缓冲液?

(2)EBT 是如何通过颜色变化指示终点的?

实验二十三　高锰酸钾标准溶液的配制与标定

一、实验目的

(1)掌握高锰酸钾标准溶液配制与标定的方法、原理。
(2)能正确使用滴定管、移液管和电子天平。
(3)学会高锰酸钾法滴定速度的控制方法。
(4)学会计算高锰酸钾标准溶液的浓度。

二、实验原理

市售的高锰酸钾($KMnO_4$)试剂中常含有少量的 MnO_2 和其他杂质,同时水中也含有微量的还原性杂质,光、热、酸、碱等外界条件的改变都能促进 $KMnO_4$ 分解,因此,$KMnO_4$ 标准溶液不能直接配制,应采用间接法配制,即先配制近似浓度的溶液,再用基准物质进行标定。标定 $KMnO_4$ 的基准物质是草酸钠。可用 $KMnO_4$ 作为自身指示剂来指示终点。$KMnO_4$ 微过量溶液呈现粉红色,30 秒不褪色即为终点。

$$2MnO_4^- + 5C_2O_4^{2+} + 16H^+ = 2Mn^{2+} + 8H_2O + 10CO_2 \uparrow$$

$$c_{KMnO_4} = \frac{5}{2} \times \frac{m_{Na_2C_2O_4}}{M_{Na_2C_2O_4} V_{KMnO_4}} \times 10^3$$

三、仪器与试剂

1. 药品　高锰酸钾(AR)、基准草酸钠、浓硫酸(AR)。
2. 仪器　电子天平、称量瓶、酸碱两用滴定管、垂熔玻璃漏斗、试剂瓶、锥形瓶、移液管等。

四、实验方法

1. 0.02mol/L $KMnO_4$ 标准溶液的配制　称取 $KMnO_4$ 1.6g,溶解在 500ml 纯化水中。将配好的 $KMnO_4$ 溶液加热至沸,并保持微沸 1 小时,然后放置 2～3 天,使溶液中可能存在的还原性物质完全氧化。用垂熔玻璃漏斗滤过,存于棕色试剂瓶中,存放于阴凉、干燥处以待标定。

2. 0.02mol/L $KMnO_4$ 标准溶液的标定　用减重法精密称取在 105℃ 干燥至恒重的基准 $Na_2C_2O_4$ 0.17g 3 份,分别置于 250ml 锥形瓶中,加入新煮沸放冷的纯化水 50ml 使之全部溶解,加入 3mol/L H_2SO_4 15ml,摇匀,水浴加热至约 75℃,逐渐缓慢加入数滴 $KMnO_4$ 标准溶液,并充分振摇,待紫红色褪去后,可加快滴定速度,近终点时又需减慢滴定速度至溶液呈粉红色并保持 30 秒不褪色即为终点。

记录消耗 $KMnO_4$ 标准溶液的体积,计算 $KMnO_4$ 溶液的准确浓度。
平行测定 3 次。

五、实验结果

实验结果记录于表 4-23-1。

表 4-23-1 KMnO$_4$ 标准溶液的标定记录

参数	1	2	3
$m_{\text{Na}_2\text{C}_2\text{O}_4}$ /(g)			
V_{KMnO_4} /(ml)			
c_{KMnO_4} /(mol/L)			
$\bar{c}_{\text{KMnO}_4}$ /(mol/L)			
$R\bar{d}$			

六、注意事项

(1)当滴定终了时,溶液温度应不低于 55℃。否则,因反应速度慢而影响终点的确定。操作中不要直火加热或使溶液温度过高,以免使草酸分解。

(2)开始滴定时反应速度较慢,所以要缓慢滴加,待溶液中产生 Mn^{2+} 后,由于 Mn^{2+} 对反应的催化作用,使反应速度加快,此时滴定速度可适当加快,但注意仍不能过快。否则来不及反应的 KMnO$_4$ 在热的酸性溶液中易分解。近终点时,反应物浓度降低,反应速度也随之变慢,须小心缓慢滴入。

(3)KMnO$_4$ 在酸性溶液中是强氧化剂,易与空气中的还原剂发生反应。当滴定到达终点时,过量 1 滴 KMnO$_4$ 时就会使溶液呈粉红色。但在空气中放置时很容易与空气中的还原性气体或是还原性的灰尘作用而逐渐褪色。因此,对终点的判断是在出现粉红色后 30 秒不褪色即可认为到达终点。如果滴定过程中出现棕色浑浊是由于产生 MnO$_2$ 所致,可立即加入 H$_2$SO$_4$ 补救。

七、思考题

(1)酸化 KMnO$_4$ 时,可否用 HCl 或 HNO$_3$ 代替 H$_2$SO$_4$?

(2)滴定过程中出现棕色浑浊是什么原因引起的,应当如何处理?

实验二十四　消毒液中过氧化氢含量的测定

一、实验目的

(1)掌握高锰酸钾法测定过氧化氢含量的方法。

(2)掌握氧化还原滴定的基本操作。

二、实验原理

过氧化氢(H$_2$O$_2$)溶液是医药卫生及食品行业上广泛使用的消毒剂,俗称双氧水,为 3% 无色透明液体。过氧化氢有氧化作用,可杀灭致病菌群,一般适用于伤口消毒、环境消毒和食品消毒。在一般情况下会缓慢分解成水和氧气,但分解速度极其慢。它在酸性溶液中能被 $KMnO_4$ 定量氧化而生成氧气和水,其反应如下。

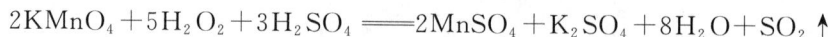

$$2KMnO_4 + 5H_2O_2 + 3H_2SO_4 \Longrightarrow 2MnSO_4 + K_2SO_4 + 8H_2O + SO_2 \uparrow$$

反应在酸性溶液中进行,反应时锰的氧化数由 +7 降到 +2。开始时反应速度慢,滴入的 $KMnO_4$ 溶液褪色缓慢,待少量 Mn^{2+} 生成后,由于 Mn^{2+} 的催化作用加快了反应速度。至终点时由于少量 $KMnO_4$ 的存在,溶液呈粉红色,所以无须另加指示剂。

$$\rho_{H_2O_2} = \frac{\frac{5}{2} \times c_{KMnO_4} \times V_{KMnO_4} \times M_{H_2O_2}}{5.00} \times \frac{200.0}{20.00} (g/L)$$

三、仪器与试剂

1. 药品　H_2SO_4(3mol/L)、$KMnO_4$(s)、$Na_2C_2O_4$(s)、消毒液样品。
2. 仪器　台秤,天平,试剂瓶(棕色),酸式滴定管(棕色),锥形瓶(250ml),移液管(5ml、20ml)。

四、实验方法

1. $KMnO_4$ 标准溶液(0.02mol/L)的配制与标定　$KMnO_4$ 标准溶液(0.02mol/L)的配制与标定方法参见实验二十三。

2. H_2O_2 含量的测定　用移液管吸取 5.00ml 消毒液样品(H_2O_2 含量约 3%),置于 200ml 容量瓶中,加水稀释至标线,摇匀备用。

移液管移取 20.00ml 上述稀释液 3 份,分别置于 3 个 250ml 锥形瓶中,各加入 6ml 3mol/L H_2SO_4,用 $KMnO_4$ 标准溶液滴定至淡红色。记录 $KMnO_4$ 的消耗量。

平行测定 3 次。

五、实验结果

实验结果记录于表 4-24-1。

表 4-24-1　消毒液中 H_2O_2 含量的测量记录

参数	1	2	3
$V_{H_2O_2}$/(ml)			
c_{KMnO_4}/(mol/L)			
V_{KMnO_4}/(ml)			
$\rho_{H_2O_2}$/(g/L)			
$\bar{\rho}_{H_2O_2}$/(g/L)			
$R\bar{d}$			

六、注意事项

(1)$KMnO_4$ 作为氧化剂通常是在 H_2SO_4 酸性溶液中进行,不能用 HNO_3 或 HCl 来控制酸度。在滴定过程中如果发现棕色浑浊，这是酸度不足引起的，应立即加入浓 H_2SO_4，如已达到终点，应重做实验。

（2）开始滴定时反应速度较慢，所以要缓滴快摇，待溶液中产生了 Mn^{2+} 后，由于 Mn^{2+} 对反应的催化作用，使反应速度加快，这时滴定速度可加快；但注意不能过快，近终点时更须小心地缓慢滴入。

七、思考题

（1）标定高锰酸钾时，为什么第一滴颜色褪去的时间较慢，而后速度越来越快？

（2）氧化还原反应中高锰酸钾法的酸性环境为什么要用 H_2SO_4？

（3）高锰酸钾标准溶液储存时须注意哪些因素影响？

实验二十五　$Na_2S_2O_3$ 标准溶液的配制与标定

一、实验目的

（1）掌握间接碘量法中 $Na_2S_2O_3$ 标准溶液配制与标定的方法、原理。

（2）能正确使用滴定管、移液管、电子天平、托盘天平。

（3）学会用淀粉指示剂确定滴定终点。

（4）学会计算 $Na_2S_2O_3$ 标准溶液的浓度。

二、实验原理

$Na_2S_2O_3 \cdot 5H_2O$ 晶体易潮解和风化，且含有少量的 $NaCl$、Na_2SO_4、Na_2SO_3、Na_2CO_3、S 等杂质，因此，不能作为基准物质直接配制标准溶液。$Na_2S_2O_3$ 溶液不稳定，其浓度会随时间发生变化。因其有"三怕"，即怕酸、怕光、怕氧气。

$Na_2S_2O_3$ 在酸性溶液中易分解，且容易受微生物和空气中 CO_2、O_2 的作用。为了减少溶解在水中的 CO_2 和 O_2，且杀死水中的微生物，应用新煮沸并冷却的纯化水配制溶液，并加入少量的 Na_2CO_3，以防止 $Na_2S_2O_3$ 分解。

日光能促进 $Na_2S_2O_3$ 溶液分解。因此，配制好的 $Na_2S_2O_3$ 溶液应贮存于棕色试剂瓶中，置于暗处放置 7～15 天，待其浓度稳定后再标定。长期使用的溶液，应定期进行标定。

一怕酸　$Na_2S_2O_3 + CO_2 + H_2O = NaHCO_3 + NaHSO_3 + S \downarrow$

二怕光　$Na_2S_2O_3 = Na_2SO_3 + S \downarrow$

三怕氧气　$2Na_2S_2O_3 + O_2 = 2Na_2SO_4 + 2S \downarrow$

标定 $Na_2S_2O_3$ 溶液的基准物质有 $K_2Cr_2O_7$，KIO_3、$KBrO_3$ 等，其中 $K_2Cr_2O_7$ 性质稳定且易精制，最为常用。本实验即是采用 $K_2Cr_2O_7$ 为基准物质标定 $Na_2S_2O_3$ 溶液的。标定反应如下。

$$K_2Cr_2O_7 + 6KI + 14HCl = 8KCl + 2CrCl_3 + 3I_2 + 7H_2O$$

$$2Na_2S_2O_3 + I_2 = Na_2S_4O_6 + 2NaI$$

计算公式：

$$c_{Na_2S_2O_3} = \frac{6m_{K_2Cr_2O_7}}{M_{K_2Cr_2O_7}V_{Na_2S_2O_3}} \times 10^3$$

$$M_{K_2Cr_2O_7} = 246.20(g/mol)$$

三、仪器与试剂

1. 药品　$Na_2S_2O_3 \cdot 5H_2O(s)$、基准 $K_2Cr_2O_7$、Na_2CO_3、$KI(s)$、$HCl(4mol/L)$、淀粉指示剂(0.5%)。

2. 仪器　托盘天平、电子天平、称量瓶、碘量瓶（250ml）、棕色试剂瓶、两用滴定管（50ml）、量筒（500ml）、烧杯（100ml）、玻璃棒、胶头滴管。

四、实验方法

1. $0.1mol/L$ $Na_2S_2O_3$ 标准溶液的配制　用托盘天平称取 $Na_2S_2O_3 \cdot 5H_2O$ 13g、Na_2CO_3 0.1g，置于小烧杯中，用少量新煮沸并冷却的纯化水溶解，转移到500ml量筒中，稀释至500ml标线，摇匀，贮存在棕色试剂瓶中，暗处放置15天，过滤后标定。

2. $0.1mol/L$ $Na_2S_2O_3$ 标准溶液的标定　用减重法精密称取在120℃干燥至恒重的基准 $K_2Cr_2O_7$ 0.1g，置于碘量瓶中，加纯化水25ml使其溶解，加碘化钾1.3g，轻轻振摇使其溶解，加4mol/L盐酸5ml立即密塞并摇匀，暗处放置10分钟后，加纯化水100ml稀释，用 $Na_2S_2O_3$ 标准溶液滴定至近终点（浅黄绿色）时，加入0.5%淀粉指示剂2ml，继续滴定至蓝色消失而显亮绿色，且5分钟内不返蓝即为终点。记录消耗 $Na_2S_2O_3$ 标准溶液的量。

平行测定3次。

五、实验结果

实验结果记录于表4-25-1。

表 4-25-1　$Na_2S_2O_3$ 标准溶液的标定记录

参数	1	2	3
$m_{K_2Cr_2O_7}/(g)$			
$V_{Na_2S_2O_3}/(ml)$			
$c_{Na_2S_2O_3}/(mol/L)$			
$\bar{c}_{Na_2S_2O_3}/(mol/L)$			
$R\bar{d}$			

六、注意事项

(1)酸度对 $K_2Cr_2O_7$ 与 KI 反应的影响很大，应注意控制。一般以 $0.4mol/L$ 为宜。酸度过高 I^- 容易被空气中的氧气所氧化；酸度过低，反应较慢。

(2)配制 $Na_2S_2O_3$ 标准溶液时，一定要使用新煮沸且放冷的纯化水，并且加入少量固体 $NaCO_3$ 调节溶液的 pH，使溶液呈碱性。

（3）正确控制滴定速度。滴定开始时要快滴慢摇,减少碘的挥发。临近终点时要慢滴,且用力摇以减少淀粉对碘的吸附。

（4）I_2 容易挥发而损失。为了加快反应速率,需加入过量的 KI,并用水密封碘量瓶,置于暗处。待反应完全后再用待标定的 $Na_2S_2O_3$ 标准溶液进行标定。

（5）淀粉指示剂加入不宜过早。应在近终点时加入,以防止大量 I_2 被淀粉吸附。用 $Na_2S_2O_3$ 标准溶液滴定前应先稀释溶液以降低酸度,减少空气中 O_2 对 I^- 的氧化,减少 $Na_2S_2O_3$ 的分解,减弱 Cr^{3+} 对滴定终点的影响。

（6）正确判断返蓝现象。测定结束,若 5 分钟内溶液返蓝,说明 $K_2Cr_2O_7$ 与 $Na_2S_2O_3$ 反应不完全,须重新标定;若 5 分钟后溶液返蓝,不影响标定结果,可以认为是空气中 O_2 氧化 I^- 所致。

七、思考题

（1）配制 $Na_2S_2O_3$ 溶液时为什么要加入 Na_2CO_3？并且要用新煮沸冷却的纯化水？

（2）间接碘量法中,加入过量 KI 的目的是什么？

（3）碘量法误差的来源有哪些？应如何避免？

（4）淀粉指示剂应该何时加入,为什么？终点颜色是如何变化的？

实验二十六　碘盐中碘含量的测定

一、实验目的

（1）了解碘盐的作用,碘盐中碘的添加形式以及含量范围。

（2）掌握碘量法测定碘含量的基本原理和方法。

（3）掌握滴定的基本操作。

二、实验原理

碘是人体中必需的微量元素之一,生长发育所必需的甲状腺素离不开碘的参与。由于我国地域辽阔,自然界中碘分布不均,某些缺碘地区曾爆发过地方性甲状腺囊肿、克丁病。但是碘过量又会引起甲状腺亢进或甲状腺肿大。所以为保障人民安全食用碘,国家规定食盐中加碘,且严格控制碘的加入量。由于加碘食盐中碘元素绝大部分是以 IO_3^- 存在,少量的是以 I^- 形式存在。食盐溶于水后,在酸性条件下,加入饱和溴水,把碘盐中的 I^- 氧化为 IO_3^- 使碘盐中的碘都转化为碘酸根离子。加热除去过量的溴。在酸性条件下,加入碘化钾,I^- 与 IO_3^- 反应析出 I_2,然后用硫代硫酸钠标准溶液滴定 I_2,从而确定碘元素的含量。反应如下。

$$I^- + 3Br_2 + 3H_2O = IO_3^- + 6H^+ + 6Br^-$$

$$IO_3^- + 5I^- + 6H^+ = 3I_2 + 3H_2O$$

$$I_2 + 2S_2O_3^{2-} = 2I^- + S_4O_6^{2-}$$

故有 $KIO_3 \sim I^- \sim 3I_2 \sim 6Na_2S_2O_3$　及 $I^- \sim KIO_3 \sim 3I_2 \sim 6Na_2S_2O_3$

$$\omega = \frac{c_{Na_2S_2O_3} \times V_{Na_2S_2O_3} \times M_1 \times 10^{-3}}{m_{盐} \times 6}$$

三、仪器与试剂

1. 药品　加碘食盐、2mol/L 盐酸、20％的 KI 溶液、1‰的淀粉试液、$Na_2S_2O_3$、饱和溴水。
2. 仪器　酸式滴定管、锥形瓶(250ml)、容量瓶(200ml)、移液管(20ml)、电子分析天平、称量瓶、托盘天平、滤纸、小烧杯、量筒(5ml、10ml)。

四、实验方法

1. $Na_2S_2O_3$ 标准溶液的配制与标定　$Na_2S_2O_3$ 标准溶液(0.1mol/L)的配制与标定方法参见实验二十五。

2. 食盐中碘含量测定　准确称取 15.00g 样品,置于 250ml 锥形瓶中,加 100ml 蒸馏水振摇溶解后,滴加饱和溴水至溶液呈浅黄色,边滴加边振摇至黄色不褪为止,溴水不宜过多,在室温放置 10 分钟,在放置期内,如发现黄色褪去,应再滴加溴水至淡黄色不再褪色为止。

锥形瓶放入水浴锅中水浴加热至黄色完全褪去,再继续加热 5 分钟,立即冷却。加 1ml 碘化钾溶液(50g/L),摇匀,立即用硫代硫酸钠标准溶液(0.002mol/L)滴定至浅黄色,加入 1ml 淀粉指示剂(1g/L),继续滴定至蓝色刚消失即为终点。

平行测定 3 次。

五、实验结果

实验结果记录于表 4-26-1。

表 4-26-1　食盐中碘含量的测定记录

参数	1	2	3
$m/(g)$			
$c_{Na_2S_2O_3}(mol/L)$			
$V_{Na_2S_2O_3}/(ml)$			
ω			
$\bar{\omega}$			
$R\bar{d}$			

六、注意事项

(1)控制溶液的酸度和温度。提高溶液的酸度和温度,可加快反应速度,但酸度和温度太高,I^- 容易被氧化。

(2)加入过量的 KI 后,因反应速度较慢,为防止碘挥发造成误差,应水封,置于暗处反应 10 分钟后再滴定。

(3)终点时,为防止大量的碘被淀粉吸附过牢,使结果偏低,应滴定至接近终点,溶液呈淡黄绿色时,再加入淀粉指示剂。食盐中的碘含量非常低,所以淀粉指示剂也要做相应的稀释。

(4)滴定至终点后,如果溶液迅速返蓝,说明碘反应不完全,应重新标定,若30分钟后返蓝,是空气中的 O_2 氧化 I^- 造成,不影响结果。

七、思考题

(1)食盐中的碘为什么是碘酸钾,可以是碘化钾吗?

(2)滴定中为什么要加过量的碘化钾?碘化钾的量对结果有影响吗?

(3)饱和溴水的量如何控制?过多或过少都有什么影响?

实验二十七 熔点的测定

一、实验目的

(1)了解熔点测定的意义。

(2)掌握测定熔点的原理和方法。

二、实验原理

熔点的测定

在大气压下,晶体化合物加热到一定温度时,会从固态转变为液态,此时的温度就是该化合物的熔点,该温度下固液两相处于平衡状态(两者蒸气压相等)。

纯净的化合物都有固定的熔点。对于纯的有机化合物,从开始熔化(初熔)至完全熔化(全熔)的温度范围,称为熔程,一般不超过 0.5~1℃。如该化合物含有杂质,则熔点下降,熔程也较长(>1℃)。将两种物质等量均匀的混合到一起,如果混合物的熔点没有发生变化,则两者为相同物质;如果熔点降低了,则说明两种物质不同,因此,测熔点是判断固态有机化合物纯度的经典方法。

大多数有机化合物的熔点都不超过 300℃。许多有机化合物熔化时会发生分解,表现在变色和气化上,同时加热速度过快会导致分解温度更高,加热过度甚至会产生炭化。

物质的熔点和分子结构有关。对称性好的物质熔点要高于对称性差的;立体异构的化合物中,反式结构的熔点通常高于顺式结构;另外形成氢键也会使熔点偏高。

三、仪器与试剂

1. 药品 苯甲酸、液体石蜡。

2. 仪器 b 形管、温度计(>150℃)、缺口橡胶塞、熔点管(毛细管)、空心玻璃管(30~40cm)、玻璃棒(不锈钢刀)、表面皿、橡胶圈(橡皮筋)、酒精灯、铁架台。

四、实验方法

熔点的测定方法很多,有机化学实验中常用的是毛细管熔点测定法,优点是样品用量很少、操作简便,但精确度略低,可满足一般要求。本实验以 b 形管(Thiele 管,提勒管)毛细管法

为例,步骤如下。

1. **毛细管的装填**　放少许待测的干燥样品(约0.1g)于干净的表面皿上,用玻璃棒或不锈钢刀研成粉末堆在一起。取一支长30～40cm的空心玻璃管,垂直于干净的表面皿上。将熔点管开口端向下插入粉末中,倒转后置于空心玻璃管内,自上管口自由落下,重复数次,直至装入高2～3mm紧密结实的样品为止,最后擦去沾于熔点管外的粉末。

也可取一根适度(外径1～1.5mm,长7～8cm)的毛细管,将任一开口端以45°角用酒精灯外焰灼烧至熔化,待冷却后开口端逐渐封闭,该操作称为熔封。熔封后的毛细管可代替熔点管进行熔点的测定。

2. **b形管加热**　b形管中装入传热介质(液体石蜡),液面略高于上侧管的上端即可。将装有待测样品的熔点管用橡胶圈(橡皮筋)固定在温度计上,使样品位于温度计水银球中部(图4-27-1)。

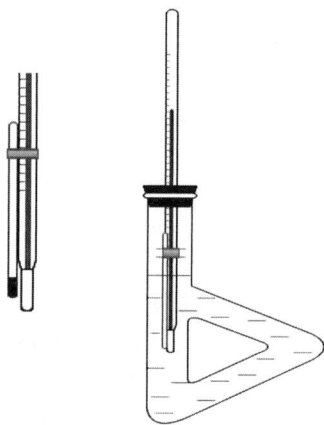

图4-27-1　b形管熔点测定

3. **熔点的测定**　将b形管垂直固定于铁架台上,管口配一个缺口橡胶塞,温度计插入橡胶塞孔中,刻度朝向缺口,并且插入的深度为水银球正好在熔点管两侧管的中间位置。用酒精灯外焰对b形管侧管末端加热,液体石蜡受热后在整个b形管内对流循环,使温度更均匀且上升较慢,便于观察。开始时升温速度可较快,保持每分钟3～6℃。距离熔点10～15℃时,减慢加热速度,使每分钟上升1～2℃。记下待测样品从开始塌陷、湿润并有液相产生(初熔)时和固体完全消失(全熔)时的温度计读数,即为该化合物的熔程,测得的熔点值最多精确到±0.5℃。例如在112℃时某一个化合物发生萎缩塌陷,113℃时出现液滴,114℃时完全熔化成液体,数据记录应为:

熔点113～114℃,112℃时塌陷,记录颜色变化。

待测样品的熔点至少要平行测定两次。每一次测定都必须用新的熔点管另装样品。

如要测未知物的熔点,应先对样品粗测一次。粗测加热可稍快些,目的是知道大致的熔点范围。待浴温降至熔点以下约30℃,再另取一根已装样的熔点管进行精密测定。

冷却后将液体石蜡倒回瓶中。温度计冷却后用纸擦净。

五、注意事项

(1)待测样品一定要干燥,并研成极细的粉末以利于装填。往毛细管内装样品时,一定要反复冲撞夯实,这样受热才能均匀,同时避免在未达到熔点前提前出现塌陷的假象,残留在管外的样品要用纸擦干净。

(2)熔点管本身要干净,封口要均匀,管壁不能太厚。毛细管熔封的不好会导致封口端发生弯曲或封口端太厚,影响测量结果。所以毛细管在火焰上加热熔封时要缓慢转动,使侧面受热均匀,另外,火焰温度不宜太高,封口要圆滑,以不漏气为原则。

(3)传热介质的选择。待测样品熔点在 80℃ 以下使用蒸馏水,200℃ 以下的使用液体石蜡、磷酸或浓硫酸,熔点在 200~300℃ 使用 H_2SO_4-K_2SO_4(7:3)混合液。用浓硫酸做传热介质要小心,防止灼伤皮肤,另外,熔点管外样品粉末必须擦净,否则会导致浓硫酸变成棕黑色,妨碍观察。

(4)升温速度不宜太快,尤其是当温度接近该样品的熔点时。一般开始升温时速度可稍快些,但接近该样品熔点时,升温速度要慢,越接近熔点升温速度应越慢,这样做一方面是顾及观察者需要同时观察温度计的度数和样品的变化情况,另一方面也是为了保证有充分的时间让热量由管外传至管内,使固体熔化。对未知物熔点的测定,第一次可快速升温得到化合物的大概熔点。

(5)熔点的测定至少要有两次重复的数据,每一次测定都必须用新的熔点管另装新样品。因为某些物质在高温时会产生部分分解,另一些物质会转变成具有不同熔点的其他结晶形式,因此,不能将已测过熔点的样品冷却后再做第二次测定。

进行第二次测定时,要等浴温冷至其熔点以下约30℃再进行。有些化合物样品测不到熔点,因为到一定温度时就会完全分解而并不熔化,此时的温度称作分解点。

(6)测定工作结束,一定要等传热介质冷却后方可倒回瓶中。温度计放冷后,用纸擦去传热介质方可用水冲洗,否则易炸裂。

(7)如有必要,可进行温度计的校正。由于温度计存在毛细管孔径不均匀或刻度不准确等制造方面的因素,导致温度计上的熔点读数与真实熔点之间常有一定的偏差。另外,全浸式温度计的刻度是在温度计全部浸入传热介质后均匀受热的情况下刻出来的,而测熔点时仅有部分浸入受热,因而液面以上部分的温度较全部受热时偏低。长期使用温度计,玻璃也可能发生体积变形而导致刻度不准。

可采用测定纯有机化合物的熔点作为校正的标准。校正时选择数种已知熔点的纯化合物作为标准,测定它们的熔点,以观察到的熔点作纵坐标,测得的熔点与应有熔点的差值作横坐标,画成曲线,在任一温度时的校正值即可直接从曲线中读出。也可选用标准温度计进行校正。

六、思考题

(1)如果样品装填时有空隙,对测定结果会有什么影响?

(2)为何不能用第一次测定时已熔化后又固化的有机化合物再做第二次熔点测定?

(3)实验时控制加热速度很重要。如果加热速度过快,会产生什么结果?

实验二十八　常压蒸馏和沸点的测定

一、实验目的

(1)了解测定沸点的意义。
(2)理解常压蒸馏测定沸点的原理。
(3)熟练掌握蒸馏装置的安装和使用方法。

二、实验原理

常压蒸馏和沸点的测定

将液体加热,它的蒸气压会随着温度的升高而增大,当蒸气压增大到与大气压相等时,从液体内部会逸出大量气泡,这种现象称为沸腾,此时的温度就是液体的沸点。

外界的气压增大,液体沸腾时的蒸气压就需要相应的加大,从而导致沸点升高。因此,表示一个化合物的沸点时,一定要标明测定该沸点时外界的大气压。通常所说的沸点是指在101.3kPa(760mmHg)压力下液体的沸腾温度。例如,水的沸点为100℃,即是指在101.3kP大气压下水在100℃时沸腾。

每种纯的有机化合物在一定的气压下均有恒定的沸点,并且沸点范围越小(0.5~1℃),表示纯度越高,但并不是沸点固定的物质都是纯净物,有些二元和三元恒沸混合物也有固定沸点。

将液体加热至沸腾,使液体转变为蒸气,然后通过冷凝的方式将蒸出的蒸气液化,这种操作称为蒸馏。蒸馏可将挥发的和不挥发的物质分离开来,也可将沸点不同的液体混合物分离开来。蒸馏过程中,低沸点的组分先蒸出来,通过冷凝液化收集,高沸点的组分随后蒸出,最后容器中留下不挥发的物质。液态有机混合物各组分的沸点至少相差30℃以上,才能得到较好的分离效果。如果蒸馏的化合物沸点比较接近时,各物质的蒸气将同时蒸出,只是沸点低的组分含量稍高,沸点高的组分含量略低,难以达到分离、提纯的目的,此时可借助分馏操作进行分离。

通常向即将蒸馏的液体中加入沸石,来有效地防止加热过程中暴沸现象的发生,因其受热后会形成小气泡作为液体沸腾的中心,可以保证沸腾的平稳状态。

三、仪器与试剂

1. 药品　70%工业酒精、沸石。
2. 仪器　圆底烧瓶、蒸馏头、温度计(100℃)、直形冷凝管、接液管、接液瓶(锥形瓶)、加热装置(水浴锅或电热套)、带孔橡胶塞。

四、实验方法

整个常压蒸馏装置主要包括加热装置、圆底烧瓶、冷凝管和接收器,安装的顺序为自下而上,从左到右。安装好的装置要做到横平竖直,美观整齐。

1. 仪器安装

(1)气化部分安装。参照热源的高度固定圆底烧瓶,铁夹要夹在圆底烧瓶的瓶颈处,瓶口接蒸馏头,蒸馏头的上支口塞上带有温度计的橡胶塞,并使温度计的水银球上端与蒸馏头侧支口下端在同一水平线上(图4-28-1)。

(2)冷凝管安装。用另一个铁架台固定冷凝管,铁夹夹在冷凝管的中上部(重心位置),调整冷凝管的位置使其与蒸馏头的侧支口相接,冷凝水应从冷凝管的入水口(向下)流入,出水口(向上)流出,以保证冷凝管的套管中始终充满水。

(3)接受部分安装。冷凝管的下端与接液管相接,接液管插入接液瓶(锥形瓶)中,接液管的支管口不能封闭,否则会引起爆炸。若馏出液易吸水,则应在支管口装干燥装置与大气相通。当馏分中有易挥发、易燃有毒的气体时,应从支管口另接橡胶管通入水槽或户外。沸点很低的馏出液可直接将接液瓶放在冷水或冰水浴中收集(图4-28-1)。

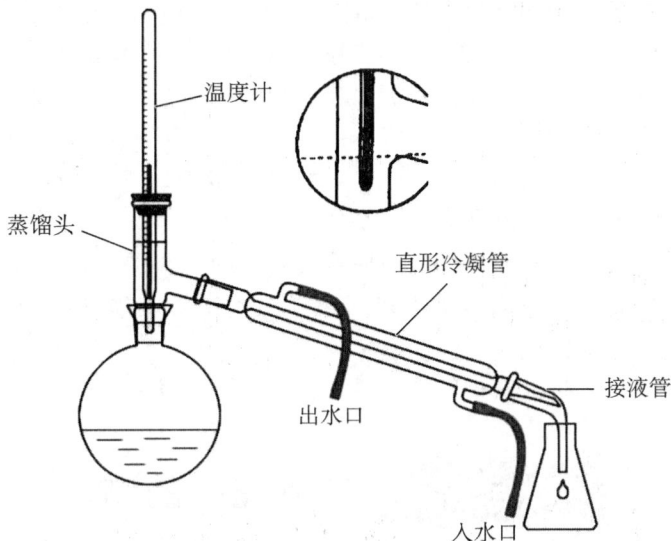

图 4-28-1 常压蒸馏装置

2. 蒸馏操作

(1)加料。将50ml、70%的工业酒精倒入圆底烧瓶中,接着加入几粒沸石,按顺序安装好整个蒸馏装置,最后检查气密性。

(2)加热。加热前应检查仪器装配是否正确,冷凝水是否通入,沸石是否加入。加热后,当产生的蒸气上升到温度计水银球位置时,温度计的读数急剧上升,并且水银球部位开始出现液滴。此时应控制温度,使蒸馏速度控制在每秒1~2滴,并且整个蒸馏过程中温度计水银球上都有被冷凝的液滴存在。

(3)收集馏分记录沸程。当温度未达到馏出液沸点时,常有少量沸点较低的杂质液体先被蒸出,称为馏头,馏头部分应当舍弃。当温度稳定后更换接液瓶,馏出液匀速滴出,此时的产物又称馏分,纯度很高。记下馏分开始馏出时和蒸出最后一滴时温度计的读数,即为该馏分的沸程(沸点范围)。在所需要的馏分蒸出后,若继续加热,则温度计的读数就会显著上升,若维持原来的加热温度,则不会再有液体蒸出,温度会突然下降,这时就应停止蒸馏,不要蒸干,以免烧瓶破裂发生意外事故。

(4)蒸馏完毕。应先关闭加热装置,然后停止通水,按照和安装相反的顺序拆下仪器。用量筒量出锥形瓶中乙醇的体积,计算回收率,并将整个装置清洗干净。

五、注意事项

(1)蒸馏装置加热前应检查气密性,以免在蒸馏过程中有蒸气渗漏而造成回收率降低。

(2)蒸馏易挥发和易燃的物质时,不能使用明火。

(3)应根据馏分的沸点不同,使用不同的冷凝管。馏分沸点在130℃以下的一般使用水冷直形冷凝管,其中对于易挥发、易燃的液体,冷却水的流速可稍快,对于更低沸点的液体并需要加快蒸馏时,则选用蛇形冷凝管,而沸点在100~130℃的液体,需要缓慢通入冷凝水防止炸裂;高于130℃时采用空气冷凝管。

(4)待蒸馏物的体积一般占烧瓶总体积的1/3~2/3。

(5)沸石是多孔性物质,任何情况下,都应在加热前加入,绝不能将沸石直接加到正在加热的液体当中。如蒸馏中途停止,应在重新加热前补加新的沸石。

六、思考题

(1)什么叫沸点?液体的沸点和大气压有什么关系?

(2)蒸馏时为什么烧瓶所盛液体的量不应超过容积的2/3,也不应少于1/3?

(3)蒸馏时加入沸石的作用是什么?进行蒸馏时若中途停顿,原先加入的沸石能否继续使用?

(4)为什么蒸馏时不能将烧瓶中的液体蒸干?

实验二十九　　旋光度的测定

一、实验目的

(1)掌握旋光仪测定物质旋光度的方法。

(2)学习比旋光度的计算。

二、实验原理

自然界中很多物质都是旋光性物质,因为它们具有使平面偏振光的振动平面发生偏转的性质,这种性质也称为旋光性或光学活性。平面偏振光通过旋光性物质后,振动面发生了改变,旋转的角度称为旋光度,用"α"表示。如果从面对光线入射的方向观察,振动面顺时针方向旋转称为右旋,用符号"+"或"d"表示,逆时针方向旋转称为左旋,用"-"或"l"表示。

如果一种化合物的分子不能与其镜像重合,则这种分子称为手性分子。手性分子能使平面偏振光发生偏转,具有旋光性。这类分子在生物体中会有特殊的生理作用。

测定旋光度的仪器称为旋光仪,主要由光源、起偏镜、样品管和检偏镜几部分组成。光源为钠光灯;起偏镜是一个固定的尼可尔棱镜,光源发出的光经过起偏镜后,只有振动面和棱镜镜轴平行的光才能通过,这时候光变成只在一个平面振动的偏振光;接着偏振光经过样品管内装有待测液的旋光管后发生偏转,然后进入检偏镜,这是一个能转动的尼可尔棱镜,通过转动使自身的镜轴与旋转后的偏振光再次平行,此时检偏镜转动的角度和方向就是测定物质的旋光度和旋转方向(图 4-29-1)。

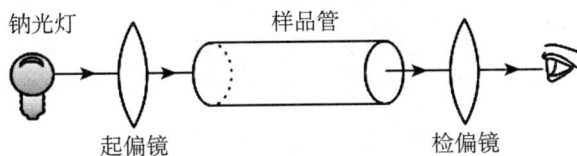

图 4-29-1　旋光仪的结构

测定旋光度对研究手性分子的构型及确定某些反应机制具有重要的作用,还可用来鉴定旋光性物质的光学纯度。测定时所用溶液的浓度、旋光管的长度、温度、光源的波长及溶剂的改变都会引起旋光度的变化。因此,常用比旋光度 $[\alpha]_\lambda^t$ 来表示物质的旋光性。比旋光度和旋光度之间的关系如下。

$$[\alpha]_\lambda^t = \frac{\alpha_\lambda^t}{\rho_B \cdot l}$$

α_λ^t—表示旋光性物质在 t℃、光源波长为 λ 时的旋光度。

λ—所用光源的波长,通常是钠光源,以 D 表示,其波长为 589nm。

t—测定时的温度(℃)。

l—旋光管的长度,单位用分米(dm)表示。

ρ_B—被测物质 B 的质量浓度,单位是 g/ml,当被测物质是纯液体时,该值为液体的密度。

三、仪器与试剂

1. 药品　蒸馏水、葡萄糖。
2. 仪器　旋光仪。

四、实验方法

1. 接通电源　待 5～15 分钟后钠光灯发光稳定,可开始测定。

2. 校正仪器零点　用蒸馏水冲洗旋光管数次,然后装满蒸馏水,观察读数是否在零点。保持液面凸出管口,将玻璃盖沿管口平推盖好(不能有气泡留在瓶口),然后旋紧螺丝帽盖使之不漏液,注意不要旋得过紧使瓶盖产生扭力影响结果,如有气泡则应将气泡挪至旋光管凸起部分。将旋光管擦干放入样品管槽内,盖上盖子进行测量。转动检偏镜,在目镜中找出两种不同的影像(图 4-29-2A 和图 4-29-2C),两影像之间的状态为视场亮度一致,即零点视场(图 4-29-2B),此时读数盘应在零点。如果不在零点,应记下读数,再重复测量 3～4 次取平均值,作为空白对照校正仪器的零点。

3. 测定　一般有 1dm 和 2dm 两种规格的旋光管,通常旋光度数小或溶液浓度较稀时用长的旋光管。将待测液充满旋光管后,旋上螺帽至不漏水,放入样品管槽内。读取数值,重复

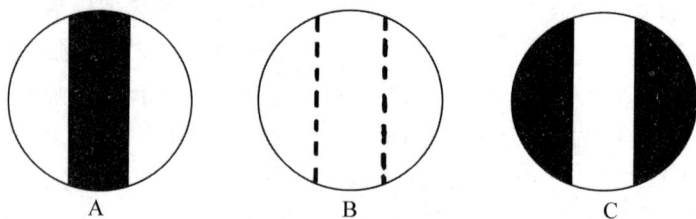

图 4-29-2　三分视场

A. 大于或小于零点现场；B. 零点视场；C. 小于或大于零点视场

测定几次取平均值作为测定结果。

4. 计算比旋光度　利用测定结果计算出比旋光度的值。由于同一种旋光性物质在不同溶剂中测得的旋光度可能不同，因此，必须注明溶剂。

五、注意事项

(1)旋光仪在钠光灯发光稳定后才可开始测定。实验前需在旋光管中放入蒸馏水作为空白对照来校正仪器的零点。

(2)旋光度与温度有关。使用钠光测定时，温度每升高1℃，大多数旋光性物质的旋光度都会降低，因此，对于要求较高的测定需要在20℃±2℃的恒温条件下进行。

(3)仪器使用时间一般不超过4个小时，否则中间应关闭10～15分钟，待钠光灯冷却后再重新使用，但是连续使用时不得频繁开关。

(4)所有镜片应使用擦镜纸擦拭，不得用手触摸镜面。

六、思考题

对于酒石酸，如何区分其左旋体和右旋体？

实验三十　醇、酚、醚的化学性质

一、实验目的

(1)通过实验进一步加深对醇、酚、醚化学性质的认识。

(2)比较醇和酚化学性质上的差异，认识羟基和烃基的相互影响。

(3)掌握醇和酚的常见鉴别方法。

二、实验原理

醇和酚的结构中都含有羟基，但醇中的羟基与烃基相连，酚中的羟基与芳环直接相连，因此，它们的化学性质有很多不同。

三、仪器与试剂

1. 药品　无水乙醇、金属钠、正丁醇、仲丁醇、叔丁醇、Lucas试剂($ZnCl_2/HCl$)、浓盐酸、

0.3mol/L CuSO$_4$ 溶液、2.5mol/L NaOH 溶液、甘油、乙醇、浓 H$_2$SO$_4$、0.03mol/L KMnO$_4$、饱和苯酚水溶液、2mol/L 盐酸、饱和碳酸氢钠溶液、饱和溴水、0.2mol/L 对苯二酚溶液、0.2mol/L 苯甲醇、5% FeCl$_3$ 溶液、乙醚。

2. 仪器 试管、试剂瓶、胶头滴管、水浴锅、广泛 pH 试纸。

四、实验方法

1. 醇的化学性质

(1)醇钠的生成。取 1ml 无水乙醇置于干燥的试管中,用镊子取高粱米大小的一块金属钠放入试管中(用滤纸擦干金属钠外层的煤油,切去发暗的外皮),观察发生的现象。

(2)氯代烃的生成(Lucas 试剂)。取 3 支干燥试管,分别加入 1ml 正丁醇、仲丁醇和叔丁醇,另加入 2ml Lucas 试剂,小心振摇后于室温(最好保持在 26~27℃)下静置并观察变化,记下混合液变浑浊和出现分层的时间。

对于有反应现象的样品,再用 1ml 浓盐酸代替 Lucas 试剂做同样的试验,比较结果。

(3)甘油铜生成。取两支试管,分别加入 5 滴 0.3mol/L 的 CuSO$_4$ 溶液和 10 滴 2.5mol/L 的 NaOH 溶液,得到天蓝色的 Cu(OH)$_2$ 沉淀,再分别滴加 5 滴甘油和乙醇,观察并对比结果。

(4)醇的氧化反应。取两支试管,一支加入 1 滴 2.5mol/L NaOH,另一支加入 3 滴浓 H$_2$SO$_4$,然后在两支试管中各加入 5 滴 0.03mol/L 的 KMnO$_4$ 溶液和 5 滴乙醇,振摇并比较两试管中溶液颜色的变化。将两支试管在水浴上加热后再观察变化。

2. 酚的化学性质

(1)酚的酸性。试管中加入 2ml 饱和苯酚水溶液,用玻璃棒蘸取少量滴于广泛 pH 试纸上观察酸性。取 2 支试管将苯酚水溶液分成 2 份,其中一支试管逐滴加入 2.5mol/L NaOH 溶液,振荡至溶液澄清为止。然后在该澄清溶液中逐滴加入 2mol/L 的盐酸至酸性,观察现象并解释原因。另一支试管中加入 1ml 饱和碳酸氢钠溶液,振荡后观察现象并解释原因。

(2)酚与溴水作用。向试管中加入 3 滴饱和苯酚水溶液,逐滴加入饱和溴水,观察颜色变化并注意有无沉淀析出。

(3)酚与 FeCl$_3$ 作用。向 3 支试管中分别加入 10 滴饱和苯酚水溶液、0.2mol/L 对苯二酚溶液和 0.2mol/L 苯甲醇,然后再各加入 1 滴 5% FeCl$_3$ 溶液,观察并记录出现的颜色变化。

(4)酚的氧化反应:取 1ml 饱和苯酚水溶液于试管中,加入 10 滴 2.5mol/L NaOH 溶液,再加入 6 滴 0.03mol/L 的 KMnO$_4$ 溶液,观察颜色变化。

3. 醚的化学性质

试管中加入 1ml 浓硫酸,放在冰浴中冷却至 0℃。分次滴加约 0.5ml 的乙醚,边滴加边振荡,使乙醚溶解在浓硫酸中。然后将反应后的液体缓慢倒入 2ml 冰水中,振摇后冷却,观察现象并解释原因。

五、注意事项

(1)使用金属钠要注意样品、溶剂和试管中含有少量水分的影响。

(2)Lucas 试剂的制取是将 34g 新熔融的无水氯化锌溶于 27g 浓盐酸中搅拌而成(注意冷却,以防 HCl 逸出)。

(3)大多数酚与 FeCl$_3$ 反应产生红、蓝、紫或绿色。如果酚的水溶液浓度较大,则与 FeCl$_3$

反应所产生的颜色太深,不易区别,此时可适当加水稀释。

六、思考题

(1)伯醇、仲醇、叔醇的性质有什么规律？可以用什么反应说明？

(2)酚的酸性为什么比醇强？

(3)酚的亲电取代反应为什么容易？

实验三十一 醛、酮的化学性质

一、实验目的

(1)通过实验进一步加深对醛、酮化学性质的认识。

(2)掌握鉴别醛、酮的化学方法。

二、实验原理

醛(RCHO)和酮(RCOR)都含有羰基(C=O),结构的相似性表现在化学性质方面具有一些共性反应,但醛的羰基是与一个烃基和一个氢原子相连,而酮的羰基则与两个烃基相连,因此,结构上的差异又使醛和酮在化学反应方面各有其特殊性。

1. 醛、酮的亲核加成反应　与氨的衍生物的加成。如与 2,4-二硝基苯肼反应可以生成腙。

2. 醛、酮的 α-H 反应　醛酮 α-碳原子上的氢原子受羰基的影响变得活泼。能与碘的氢氧化钠发生碘仿反应。利用此反应可以鉴别乙醛、甲基酮和某些醇。

3. 醛的特性反应　在醛分子中,醛基上氢原子由于受羰基的影响变得比较活泼,能被弱氧化剂(托伦试剂、斐林试剂)所氧化。酮分子中无此活泼氢,不易被氧化。醛还能与希夫试剂作用显紫红色。利用以上反应均可鉴别醛与酮。

斐林试剂含有 Cu^{2+} 的配离子,它具有弱氧化性,可将脂肪醛氧化成相应的羧酸,而 Cu^{2+} 被还原为砖红色得 Cu_2O 沉淀。甲醛因还原性强,可进一步把 Cu_2O 还原为铜,在洁净的试管上形成铜镜。只有脂肪醛能被斐林试剂氧化,芳香醛则不能。

三、仪器与试剂

1. 药品　苯甲醛、饱和 $NaHSO_3$ 溶液、甲醛、乙醛、丙酮、2,4-二硝基苯肼、碘溶液、$CuSO_4 \cdot 5H_2O$、酒石酸钾钠、5% $AgNO_3$ 溶液、5% $NaOH$ 溶液、5% $NH_3 \cdot H_2O$ 溶液。

2. 仪器　试管、胶头滴管、试剂瓶。

四、实验方法

(一)醛和酮的共性反应

1. 与 $NaHSO_3$ 的加成反应　取两支干燥试管,各加入 10 滴饱和 $NaHSO_3$ 溶液,然后再分别加入 3 滴苯甲醛和丙酮,振摇后将试管放入冷水中冷却,观察有无结晶析出。

2. 与 2,4-二硝基苯肼的反应——腙的生成　取 3 支试管,各加入 5 滴 2,4-二硝基苯肼,然后分别加入 1 滴甲醛、乙醛、丙酮,观察析出的结晶,并注意其颜色。

3. 碘仿反应　取 4 支小试管,分别加入 3 滴甲醛、乙醛、乙醇、丙酮,再各加入 10 滴碘溶液,并逐滴加入 5%NaOH 溶液至碘液颜色恰好消失为止,观察有何变化和嗅其气味,如出现白色乳液,可把试管放到 50～60℃的水浴中,温热几分钟再观察。

(二)醛的特殊反应

1. 斐林反应　在 4 支试管中分别加入斐林溶液Ⅰ及斐林溶液Ⅱ各 5 滴,然后分别加 2 滴甲醛、乙醛、丙酮、苯甲醛,振摇均匀后,在水浴中加热,观察发生的现象。

2. 银镜反应

(1)取 2ml 5%$AgNO_3$ 溶液,逐滴加入 5%$NH_3 \cdot H_2O$ 溶液,不断振摇,使析出的沉淀恰好溶解,即得氢氧化银的氨溶液,简称银氨溶液,此溶液又称托伦试剂(Tollen's reagent)。

(2)将配好的银氨溶液分别放在 4 个洁净(洗至不带水珠)的试管中,分别加入甲醛、乙醛、丙酮、苯甲醛 2～3 滴,摇匀,在水浴上加热,观察现象。

五、注意事项

(1)饱和 $NaHSO_3$ 溶液配制。在 100ml 40%$NaHSO_3$ 溶液中,加 25ml 不含醛的乙醇,滤掉析出的结晶,临用时配制。

(2)2,4-二硝基苯肼试剂的配制。取 1g 2,4-二硝基苯肼,溶于 7.5ml 浓 H_2SO_4 中,将此溶液加到 75ml 95%乙醇中,然后用水稀释到 250ml,必要时需过滤。

(3)碘溶液配制。取 2g 碘和 5g 碘化钾,溶于 100ml 水中即得。

(4)因酒石酸钾钠和氢氧化铜的配合物不稳定,故需要实验现做现配。斐林溶液Ⅰ:34.6g $CuSO_4 \cdot 5H_2O$ 加水至 500ml。斐林溶液Ⅱ:173g 酒石酸钾钠加 70g NaOH 溶于 500ml 水。

(5)在银镜反应中,试管若不干净,金属银呈黑色细粒状沉淀,不呈现银镜。试验完毕后,应加少量硝酸,立刻煮沸洗去银镜。

六、思考题

(1)鉴别醛和酮有哪些简便方法?

(2)什么叫碘仿反应?具有哪种结构的化合物能发生碘仿反应?

实验三十二　羧酸和取代羧酸的化学性质

一、实验目的

(1)验证羧酸和取代羧酸的主要化学性质。

(2)掌握羧酸和取代羧酸的鉴别方法。

二、实验原理

羧酸均有酸性,与碱作用生成羧酸盐。羧酸的酸性比盐酸和硫酸弱,但比碳酸强,因此可与碳酸钠或碳酸氢钠成盐而溶解。饱和一元羧酸中甲酸的酸性最强,二元羧酸中草酸的酸性最强。羧酸和醇在浓硫酸的催化下发生酯化反应,生成有香味的酯。在适当的条件下羧酸可发生脱羧反应。甲酸分子中含有醛基,具有还原性,可被高锰酸钾或托伦试剂氧化。由于两个相邻羧基的相互影响,草酸易发生脱羧反应和被高锰酸钾氧化。

乙酰乙酸乙酯是由酮式和烯醇式两种互变异构体共同组成的混合物,因此,它既有酮的化学性质,如能与2,4-二硝基苯肼反应生成橙色的2,4-二硝基苯腙沉淀,又有烯醇的化学性质,如能使溴水褪色,与三氯化铁溶液作用发生显色反应等。

三、仪器和试剂

1. **药品**　冰醋酸、草酸、苯甲酸、乙醇、异戊醇、乙酰乙酸乙酯、水杨酸、乙酰水杨酸、乳酸、酒石酸、2mol/L一氯乙酸、2mol/L三氯乙酸、2,4-二硝基苯肼、10%甲酸、10%乙酸、10%草酸、10%苯酚、托伦试剂、5%氢氧化钠溶液、5%盐酸、0.05%高锰酸钾溶液、0.05mol/L三氯化铁溶液、5%碳酸钠溶液、浓硫酸、溴水、饱和石灰水、甲基紫指示剂。

2. **仪器**　试管、烧杯、酒精灯、试管夹、带软木塞的导管、pH试纸。

四、实验方法

1. **羧酸的酸性**

(1)用干净的玻璃棒分别蘸取10%乙酸、10%甲酸、10%草酸、10%苯酚于pH试纸上,观察和记录其pH并解释原因。

(2)在2支试管中分别加入0.1g苯甲酸、水杨酸和1ml水,边摇边逐滴加入5%氢氧化钠溶液至恰好澄清,再逐滴加入5%盐酸溶液,观察和记录反应现象并解释原因。

(3)在2支试管中分别加入0.1g苯甲酸、水杨酸,边摇边逐滴加入5%碳酸钠溶液,观察和记录反应现象并解释原因。

2. **取代羧酸的酸性**

(1)取代羧酸酸性的比较。取3支试管,分别加入乳酸、酒石酸、三氯乙酸各少许,然后各加入1ml蒸馏水,振荡,观察是否溶解。再分别用pH试纸测定其酸性,记录并解释原因。

(2)氯代酸的酸性比较。取3支试管,分别加入2mol/L乙酸溶液、一氯乙酸和三氯乙酸溶液各5滴,用pH试纸检验各种酸的酸性,然后往3支试管中各加入甲基紫指示剂(pH=0.2~1.5,黄色至绿色;pH=1.5~3.2,绿色至紫色)2滴,观察和记录现象并解释原因。

3. **氧化反应**

(1)在洁净的试管中,加入10滴10%的甲酸溶液,边摇边逐滴加入5%氢氧化钠溶液至碱性,再加入10滴新配置的托伦试剂,在50~60℃水浴中加热数分钟,观察现象并解释原因。

(2)在3支试管中,分别加入1ml10%甲酸溶液、10%乙酸溶液、10%草酸溶液,边摇边逐滴加入0.05%高锰酸钾溶液,若不褪色,将3支试管同时放入水浴中加热,观察和记录反应现象并解释原因。

4. **酯化反应**　在干燥的试管中加入冰醋酸和异戊醇各1ml,边摇边逐滴加入10滴浓硫酸,将试管放入60~70℃水浴中加热10分钟(不要使试管内液体沸腾),取出试管待其冷却后加入2ml水,注意所生成酯的气味。记录有什么现象并解释原因。

5. **脱羧反应**　在2支干燥的试管中,分别加入1g草酸、水杨酸,用带导管的塞子塞紧,将试管口略向下倾斜地夹在铁架上,把导管出口插入盛有 1ml 饱和石灰水的试管中,然后用酒精灯加热,观察和记录反应现象并解释原因。实验结束时注意,先移去石灰水导管,再移去火源,以防石灰水倒吸入灼热的试管中而炸裂。

6. 水杨酸和乙酰水杨酸与三氯化铁的反应 取 2 支试管,分别加入 0.05mol/L 三氯化铁溶液 1～2 滴,各加入 1ml。然后在 1 号试管加入少量水杨酸晶体,2 号试管中加入少量乙酰水杨酸晶体,振摇并加热,观察两支试管的现象。

7. 乙酰乙酸乙酯的互变异构现象

(1)在试管中加入 10 滴 2,4-二硝基苯肼试剂和 3 滴 10％乙酰乙酸乙酯,观察和记录反应现象并解释原因。

(2)在试管中加入乙酰乙酸乙酯 2 滴,加乙醇 2ml,再加 0.05mol/L 三氯化铁溶液 1 滴,注意颜色变化。再加溴水到颜色刚好消失。注意不久颜色又会重现,观察发生的变化并解释原因。

五、注意事项

(1)酯化反应温度不能过高,若超过乙酸异戊酯和异戊醇的沸点,会引起两者挥发,使现象不明显。

(2)羧酸一般无还原性,但由于甲酸与草酸的结构特殊,均能被氧化而具有还原性。

(3)水杨酸与甲醇所生成的酯称为水杨酸甲酯,又称冬青油,有特殊的香味。

六、思考题

(1)做脱羧实验时,若将过量的二氧化碳通入石灰水中时,会出现什么现象?

(2)甲酸是一元羧酸,草酸是二元羧酸,它们都有还原性,可以被氧化。其他的一元羧酸和二元羧酸是否也能被氧化?

(3)如何鉴别甲酸、乙酸与草酸?

(4)为什么酯化反应要加硫酸?为什么酯的碱性水解比酸性水解效果好?

实验三十三 糖的化学性质

一、实验目的

(1)验证和巩固糖类的主要化学性质。

(2)熟悉糖类的某些鉴定。

二、实验原理

糖类又称碳水化合物。糖包括单糖、双糖、多糖等,其中最简单的是单糖。按其官能团可分为醛糖、酮糖,根据碳原子数目又可分为戊糖、己糖等。单糖的结构可看作是一个多羟基醛(醛糖)或多羟基酮(酮糖),所以单糖具有一般醛、酮的化学性质,但因羰基与分子内的羟基形成环状半缩醛、半缩酮的结构,故其化学性质与一般醛、酮又有些不同,如不与品红醛试剂反应,难以与亚硫酸氢钠发生加成反应等。

1. 糖的还原性 单糖和具有半缩醛结构的二糖都具有还原性,称为还原性糖。它们能还原托伦试剂、斐林试剂和班氏试剂。无半缩醛羟基的二糖和多糖没有还原性,不能还原上述反应。

2. 糖脎的生成 还原糖与盐酸苯肼所生成的糖脎是结晶,难溶于水。

3. 糖的颜色反应 糖在强酸的作用下能与酚类作用,生成有颜色的物质,利用这些反应可以鉴别某些糖。糖在浓无机酸(硫酸、盐酸)作用下,脱水生成糠醛及糠醛衍生物,后者能与萘酚生成紫红色物质。但是由于糠醛及糠醛衍生物对此反应均呈阳性,故此反应不是糖类的特异反应。

三、仪器与试剂

1. 药品 2%葡萄糖、2%果糖、2%淀粉溶液、2%蔗糖溶液、0.1%糠醛溶液、斐林溶液Ⅰ、斐林溶液Ⅱ、5%$AgNO_3$、5%NaOH、5%氨水、2%乳糖、苯肼盐酸盐、醋酸钠、莫氏试剂、浓硫酸。

2. 仪器 试管、胶头滴管。

四、实验方法

(一)还原性实验

1. 斐林反应 在有标记的两个试管中,分别加入2%葡萄糖、2%果糖各5滴,取等体积的斐林溶液Ⅰ及Ⅱ(制备方法同醛、酮的化学性质实验)混合成深蓝色的溶液后,在每一试管内加入5滴,在水浴中加热观察现象。

2. 银镜反应 在试管中加入1ml 5%$AgNO_3$,1滴5%NaOH,再逐滴加入5%氨水,不断振摇,至生成的沉淀恰好溶解为止,将制得溶液均分到两支干净的试管中,然后分别加入葡萄糖、果糖溶液各5滴,混合均匀后,将试管浸在60~80℃水浴中(勿振荡),观察有何变化。

(二)糖脎的生成

在3支试管中分别加入2%葡萄糖、2%果糖、2%乳糖各0.5ml,再各加入0.1g苯肼盐酸盐与醋酸钠的混合物,加热使固体完全溶解后,将试管放在沸水浴中加热,随时加以振摇,待黄色的结晶开始出现时(但双糖必须煮沸30分钟以上再取出),从沸水中取出试管,放在试管架上,使其冷却,则美丽的黄色糖脎结晶逐渐形成,取一点糖脎(用水稀释)于载玻片上,在显微镜下观察其形状。

(三)糖的颜色反应

取5支试管,分别加入2%葡萄糖溶液、2%果糖溶液、2%蔗糖溶液、2%淀粉溶液、0.1%糠醛溶液各1ml。再向5支试管中各加入2滴莫氏试剂,充分混合。斜执试管,沿管壁慢慢加入浓硫酸1ml,慢慢立起试管,切勿摇动。浓硫酸在试液下形成两层。在二液分界处有紫红色环出现。观察、记录各管颜色。

五、注意事项

苯肼盐酸盐与醋酸钠的重量比为2:3,混合后放在研钵里研细,苯肼有毒,勿与皮肤接触。

六、思考题

糖类有哪些性质？糖分子中的羟基、羰基与醇分子中的羟基及醛、酮分子中的羰基有何联系和区别？

实验三十四 乙酰苯胺的制备

一、实验目的

(1)掌握酰化反应的原理和实验操作。

(2)熟悉固体有机物的提纯方法。

二、实验原理

芳香族伯胺的芳环和氨基都容易发生反应，有机合成中为了保护氨基，通常先将其转化为乙酰苯胺，然后发生其他反应，最后水解去乙酰基。常用的酰化试剂有酰氯、酸酐、冰醋酸。其中酰氯最活泼，酸酐次之，冰醋酸最不活泼。但是，冰醋酸价格便宜，操作方便，本实验采用冰醋酸作酰化试剂。水的沸点是 100℃，冰醋酸的沸点是 119℃，为了只蒸出水分，不带出醋酸，必须采用分馏装置。

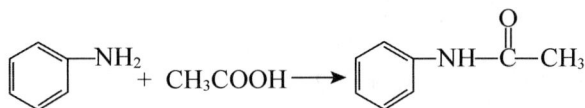

三、仪器与试剂

1. 药品 苯胺、冰醋酸、锌粉。

2. 仪器 圆底烧瓶、分馏头、冷凝管、尾接管等标准磨口仪器(图 4-34-1)。

3. 装置 见图 4-34-1。

四、实验方法

在 25ml 圆底烧瓶中，加入 5ml(0.055mol)苯胺，7.5ml(0.13mol)冰醋酸及少许锌粉(约 0.1g)，其上端安装温度计及分馏头，分馏头通过冷凝管尾接管与接收瓶相连，接收瓶外部用冷水浴冷却。加热，使反应物保持微沸约 15 分钟。然后逐渐升高温度，当温度计读数达到100℃左右时，支管即有液体流出。保持温度计读数不超过 105℃约 1 小时，生成的水及大部分醋酸被蒸出，此时温度计读数下降，表示反应已经完成。在搅拌下趁热将反应物倒入 100ml 冷水中，冷却后抽滤析出的固体，用

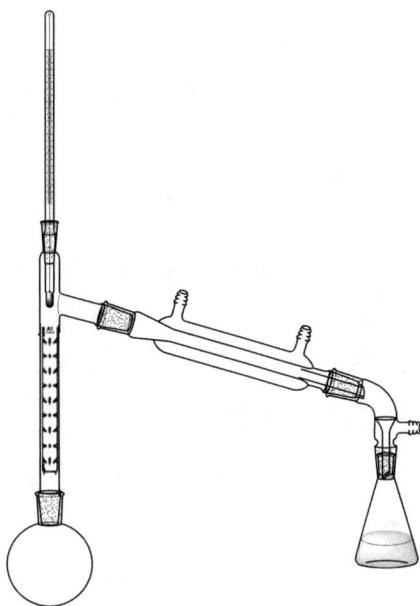

图 4-34-1　分馏装置

冷水洗涤。粗产物用水重结晶,产量约5g。乙酰苯胺纯品的熔点为114.3℃

五、注意事项

(1)久置的苯胺色深有杂质,会影响乙酰苯胺的质量,故最好用新蒸的苯胺。

(2)加入锌粉的目的,是防止苯胺在反应过程中被氧化,生成有色的杂质。

(3)因为属于小量制备,最好用微量分馏管代替刺形分馏柱。分馏管支管用一段橡皮管与一玻璃弯管相连,玻管下端伸入试管中,试管外部用冷水浴冷却。

(4)收集醋酸及水的总体积约为2ml。

(5)反应物冷却后,固体产物立即析出,沾在瓶壁不易处理。故须趁热在搅动下倒入冷水中,以除去过量的醋酸及未作用的苯胺(可成为苯胺醋酸盐而溶于水)。

六、思考题

(1)反应时为什么要控制冷凝管上端的温度不超过105℃?

(2)用苯胺做原料进行苯环上的一些取代反应时,为什么常常要进行酰化?

实验三十五 乙酸乙酯的制备

一、实验目的

(1)了解有机酸合成酯的一般原理和方法。

(2)巩固蒸馏操作、分液漏斗的使用方法。

二、实验原理

在浓硫酸催化下,乙酸和乙醇生成乙酸乙酯。

$$H_3C-\overset{O}{\overset{\|}{C}}-OH + HO-CH_2-CH_3 \xrightarrow{\text{浓 }H_2SO_4} H_3C-\overset{O}{\overset{\|}{C}}-O-CH_2-CH_3 + H_2O$$

为了提高酯的产量,本实验采取加入过量乙醇及不断把反应中生成的酯和水蒸出的方法。在工业生产中,一般采用加入过量的乙酸,以便使乙醇转化完全,避免由于乙醇和水及乙酸乙酯形成二元或三元共沸物,给分离带来困难。

三、仪器与试剂

1.药品 冰醋酸、乙醇、浓硫酸、饱和碳酸钠水溶液、饱和食盐水、饱和氯化钙溶液、无水硫酸镁。

2.仪器 100ml圆底烧瓶、球形冷凝管、恒温水浴锅、蒸馏头、直形冷凝管、尾接管、锥形瓶、分液漏斗。

3.装置 见图4-35-1。

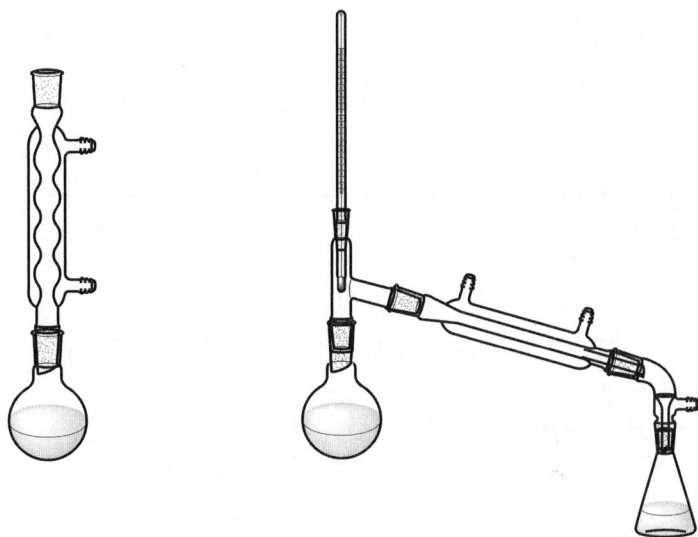

图 4-35-1　分馏装置

四、实验方法

在 100ml 圆底烧瓶中加入 14.3ml 冰醋酸和 23ml 乙醇,在摇动下慢慢加入 7.5ml 浓硫酸,混合均匀后加入几粒沸石,装上回流冷凝管。在水浴上加热回流 0.5 小时。稍冷后,改为蒸馏装置,在水浴上加热蒸馏,直至无馏出物馏出为止,得粗乙酸乙酯。在摇动下慢慢向粗产物中滴入饱和碳酸钠水溶液数滴,使有机层呈中性为止(用 pH 试纸测定)。将液体转入分液漏斗中,摇振后静置,分去水相,有机层用 10ml 饱和食盐水洗涤后,再每次用 10ml 饱和氯化钙溶液洗涤两次。弃去下层液,酯层转入干燥的锥形瓶用无水硫酸镁干燥。将干燥后的粗乙酸乙酯滤入 50ml 蒸馏瓶中,在水浴上进行蒸馏,收集 73～78℃馏分,产量 10～12g。纯乙酸乙酯的沸点为 77.06℃,n_D^{20} 为 1.3727。

五、注意事项

(1)碳酸钠必须洗去,否则下一步用饱和氯化钙溶液洗乙醇时,会产生絮状的碳酸钙沉淀,造成分离困难。为减少酯在水中的溶解度(每 17ml 水溶解 1ml 乙酸乙酯),故此处用饱和食盐水洗涤。

(2)由于水与乙醇、乙酸乙酯形成二元或三元共沸物,故在未干燥前已是清亮透明溶液,因此,不能以产品是否透明作为是否干燥好的标准,而应以干燥剂加入后吸水情况而定,并放置30 分钟,其间要不时摇动。若洗涤不净或干燥不够时,会使沸点降低,影响产率。

(3)乙酸乙酯与水或醇形成二元和三元共沸物的组成及沸点见表 4-35-1。

表 4-35-1　乙酸乙酯、水、乙醇共沸物的组成及沸点

沸点/℃	组成/%		
	乙酸乙酯	乙醇	水
70.2	82.6	8.4	9.0
70.4	91.9	0	8.1
71.8	69.0	31.0	0

六、思考题

(1)酯化反应有什么特点？本实验如何创造条件促使酯化反应尽量向生成物方向进行？

(2)本实验可能有哪些副反应？

(3)如果采用过量冰醋酸是否可以？为什么？

第五章　设计性实验

实验三十六　自来水中氯含量的测定

一、实验目的

(1)掌握铬酸钾指示剂法(莫尔法)测定水中氯离子的原理、方法及操作。

(2)学会正确判断铬酸钾指示剂的滴定终点。

(3)巩固电子天平和滴定管的操作。

二、实验原理

自来水中可溶性氯化物的测定常采用莫尔法,此方法以 $AgNO_3$ 标准溶液为滴定剂, K_2CrO_4 为指示剂,在中性或弱碱性(pH6.5~10.5)条件下, $AgNO_3$ 先与 Cl^- 生成白色 $AgCl$ 沉淀,待 Cl^- 反应完全后,过量一滴 $AgNO_3$ 即与 K_2CrO_4 反应生成砖红色的沉淀(Ag_2CrO_4),即为终点。

滴定终点前　$Ag^+ + Cl^- = AgCl \downarrow$(白色)　　$K_{SP} = 1.8 \times 10^{-10}$

滴定终点时　$2Ag^+ + CrO_4^{2-} = Ag_2CrO_4 \downarrow$(砖红色)　　$K_{SP} = 2.0 \times 10^{-12}$

根据 $AgNO_3$ 溶液与 Cl^- 反应的化学计量关系,即可算出水中氯含量。

$$\rho_{Cl^-} = \frac{c_{AgNO_3} \times (V_1 - V_0) \times M_{Cl}}{V_{样}} \times 10^3 \, (mg/L)$$

三、仪器与试剂

1. 药品　$AgNO_3$ 标准溶液(0.014mol/L)、K_2CrO_4 指示剂(5%)。

2. 仪器　电子天平、棕色酸碱两用滴定管(50ml)、锥形瓶(250ml 4 个)、移液管(50ml 和 1ml)、棕色试剂瓶(1000ml)等。

四、实验方法

1. $AgNO_3$ 标准溶液的配制及标定　见实验十九。

2. 5% K_2CrO_4 指示剂的配制　见附录六。

3. 样品测定

(1)用已标定的硝酸银标准溶液润洗滴定管并装液,排出滴定管内气泡调节液面至 0 刻度。

(2)准确移取 50.00ml 自来水至锥形瓶中,同时做空白对照,空白实验消耗硝酸银标准溶液的体积为 V_0。

(3)如水样 pH 在 6.5~10.5 可直接滴定,否则可加入两滴酚酞指示剂,用硫酸溶液和氢氧化钠溶液调至溶液红色恰好褪去。

(4)向锥形瓶中精确加入 1ml 5％的铬酸钾溶液,不断摇动下用硝酸银标准溶液滴定直至溶液呈橘黄色为止,记录消耗铬酸钾溶液体积读数 V_1。

平行测定 3 次,并将滴定的结果用空白实验校正。

五、实验结果

实验结果记录于表 5-36-1。

表 5-36-1　自来水中氯含量测定记录

参数	1	2	3
V_0/(ml)			
V_1/(ml)			
ρ_{cl^-}/(mg/L)			
$\bar{\rho}_{cl^-}$/(mg/L)			
$R\bar{d}$			

六、注意事项

(1)除非另有说明,本方法所有试剂均为分析纯,水为 GB/T 6682 规定的三级水。

(2)pH 对产物影响较大,因为在酸性溶液中铬酸银溶解度增高,滴定终点时不能形成铬酸银沉淀。

七、实验设计

测定自来水中氯化物的常用方法有 3 种,也可采用离子色谱法、硝酸汞滴定法。

自来水中余氯除化合性余氯外还有游离性余氯,主要采用 N,N-二乙基对苯二胺(DPD)分光光度法,或 3,3′,5,5′-四甲基联苯胺比色法测定余氯量。

根据实验室条件,通过查阅《生活饮用水标准检验方法》,依据反应原理,可改变反应所用装置、原料,适当改进实验条件,自行设计其他方案的实验过程。

八、思考题

(1)铬酸钾指示剂用量过多或过少对结果有什么影响?

(2)溶液的酸碱度对测定结果有何影响?如何调节溶液酸碱度?

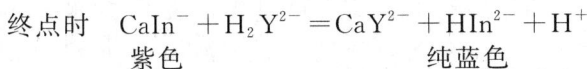 **补钙制剂中钙含量的测定**

一、实验目的

(1)掌握葡萄糖酸钙中钙含量的测定方法及原理。

(2)能正确使用滴定管、移液管和电子天平。

(3)学会用金属指示剂确定滴定终点。

二、实验原理

钙是人体内最重要、含量最多的矿物元素,广泛分布于全身各组织器官中,其中99％分布于骨骼和牙齿中。钙也是人体最容易缺乏的元素之一。缺钙不仅会影响牙齿和骨骼的正常发育,造成佝偻病,还容易导致骨质疏松。

补钙制剂类型很多,本实验测定的是葡萄糖酸钙。葡萄糖酸钙为 D-葡萄糖酸钙盐－水合物($C_{12}H_{22}CaO_{14} \cdot H_2O$),该制剂中钙的含量可以用配位滴定法直接测定,测量时需调节溶液pH 至 12~13,以减少 Zn^{2+}、Mg^{2+} 的干扰。将供试品溶解后,加氢氧化钠试液和钙紫红素指示剂后用乙二胺四乙酸二钠(EDTA)滴定至溶液由紫色变为纯蓝色即可。

终点时　$CaIn^- + H_2Y^{2-} = CaY^{2-} + HIn^{2-} + H^+$
　　　　　紫色　　　　　　　　纯蓝色

计算公式如下。

$$\omega(\%) = \frac{c_{EDTA} \times V_{EDTA} \times M_{C_{12}H_{22}CaO_{14} \cdot H_2O} \times 10^{-3}}{m_s} \times 100\%$$

三、仪器与试剂

1. **药品**　EDTA 滴定液(0.05mol/L)、氢氧化钠试液(4.3％)、钙紫红素指示剂。

2. **仪器**　量筒、试剂瓶、锥形瓶、酸碱两用滴定管、移液管、电子天平、电热套等。

四、实验方法

1. EDTA 标准溶液的配制与标定　见实验二十一。

2. 葡萄糖酸钙含量测定

(1)取葡萄糖酸钙 0.5g,精密称定,加水 100ml,微温使之溶解。

(2)加氢氧化钠试液 15ml 与钙紫红素指示剂 0.1g。

(3)用 EDTA 滴定液(0.05mol/L)滴定至溶液由紫色转变为纯蓝色。

平行测定 3 次。

五、实验结果

实验结果记录于表 5-37-1。

表 5-37-1　葡萄糖酸钙的含量测定记录

参数	1	2	3
$m_s/(g)$			
$c_{EDTA}/(mol/L)$			
$V_{EDTA}/(ml)$			
ω			
$\bar{\omega}$			
$R\bar{d}$			

六、注意事项

(1)EDTA 应贮藏在玻璃试剂瓶中,避免与胶皮塞接触。

(2)配位反应进行较慢,因此,EDTA 滴定速度不能太快,应充分振摇。

七、实验设计

补钙制剂种类较多、剂型丰富,除了常见的葡萄糖酸钙以外,还有乳酸钙、磷酸氨钙等。这些补钙制剂中钙含量的测定过程基本相同,只是在样品前处理阶段略有差异。如葡萄糖酸钙口服液需精密移取本品 5ml,加水稀释成 100ml,按本法测定。葡萄糖酸钙片需取本品 20 片,精密称定,研细,精密称取适量(约相当于葡萄糖酸钙 1g),置 100ml 容量瓶中,加水 50ml,微热使葡萄糖酸钙溶解,放冷,用水稀释至刻度,摇匀,滤过,精密量取续滤液 25ml 加水 75ml,按原料药项进行含量测定。

测定钙含量也可采用酸碱滴定法、高锰酸钾滴定法、原子吸收法等,依据反应原理,通过查阅文献,可改变测定方法,自行设计实验方案。

八、思考题

(1)实验中加入氢氧化钠试液的作用是什么?

(2)滴定速度过快是否会对结果造成影响?

实验三十八　维生素 C 含量的测定

一、实验目的

(1)掌握直接碘量法的基本原理和淀粉指示剂的使用方法。

(2)学会碘标准溶液的配制和标定。

(3)能正确使用电子天平和酸式滴定管。

二、实验原理

维生素 C(VC)又称抗坏血酸,分子式 $C_6H_8O_6$,具有较强的还原性,能被 I_2 定量氧化,可用直接碘量法测定其含量,反应式如下。

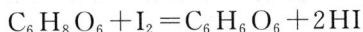

$$C_6H_8O_6+I_2=C_6H_6O_6+2HI$$

　　从反应式可知,碱性条件有利于反应向右进行。但由于维生素 C 的还原性很强,即使在弱酸性条件下,此反应也进行的相当完全。在中性或碱性条件下,维生素 C 易被空气中的 O_2 氧化而产生误差,尤其在碱性条件下误差更大。因此,该滴定反应在酸性溶液中进行,以减慢副反应的速度。

　　计算公式:

$$\omega(\%)=\frac{c_{I_1}\cdot V_{I_2}M_{C_6H_8O_6}\times10^{-3}}{m_s}\times100\%$$

三、仪器与试剂

　　1. 药品　维生素 C(药用)、碘滴定液(0.05mol/L)、稀醋酸、淀粉指示剂。

　　2. 仪器　电子天平、棕色酸碱两用滴定管(50ml)、棕色试剂瓶(250ml)、碘量瓶(250ml)。

四、实验方法

　　1. 0.05mol/L 碘滴定液的配制　称取 3.3g I_2 和 5g KI,置于研钵中,加少量水,在通风橱中研磨。待 I_2 全部溶解后,将溶液转入棕色试剂瓶中,加水稀释至 250ml,充分摇匀,置阴暗处保存,待标定。

　　2. 0.05mol/L 碘滴定液的标定　用移液管移取 20.00ml $Na_2S_2O_3$ 标准溶液于 250ml 碘量瓶中,加 40ml 蒸馏水、4ml 淀粉溶液,用碘滴定液滴定至溶液显蓝色,并在 30 秒钟内不褪色即为终点。

平行标定 3 次。

　　3. 维生素 C 含量测定

　　(1)取本品 0.2g,精密称定。

　　(2)加新沸过的冷水 100ml 与稀醋酸 10ml,使其溶解。

　　(3)加淀粉指示液 1ml,立即用碘滴定液滴定。至溶液显蓝色,并在 30 秒钟内不褪色。记录消耗的碘滴定液量,可计算维生素 C 含量。

平行测定 3 次。

五、实验结果

　　实验结果记录于表 5-38-1 和表 5-38-2。

表 5-38-1　I_2 标准溶液的标定记录

参数	1	2	3
$c_{Na_2S_2O_3}$/(mol/L)			
$V_{Na_2S_2O_3}$/(ml)			
V_{I_2}/(ml)			
c_{I_2}/(mol/L)			
$\bar{c}_{I_2}$/(mol/L)			
$R\bar{d}$			

表 5-38-2　维生素 C 含量测定记录

参数	1	2	3
$m_S/(g)$			
$c_{I_2}(mol/L)$			
$V_{I_2}/(ml)$			
ω			
$\bar{\omega}$			
$R\bar{d}$			

六、注意事项

(1)维生素 C 被溶解后易被空气中的 O_2 氧化而引起误差,不要 3 份同时溶解,应溶解一份滴定一份。

(2)在碱性环境中维生素 C 更易被氧化,且 I_2 容易发生歧化反应,故在醋酸酸性环境测定。

(3)滴定近终点应充分振摇并放慢速度。

(4)碘滴定液呈深棕色,读数时读取液面最高点。

七、实验设计

按本法测定维生素 C 制剂时需要进行前处理。如维生素 C 片为取本品 20 片,精密称定,研细,精密称取适量(约相当于维生素 C 0.2g),按原料药项进行含量测定。维生素 C 注射液需精密量取适量(约相当于维生素 C 0.2g),加水 15ml 与丙酮 2ml,摇匀,放置 5 分钟,加稀醋酸 4ml 与淀粉指示液 1ml,用碘滴定液进行含量测定。

测定维生素 C 含量也可采用 2,6-二氯酚靛酚滴定法、电位滴定法、分光光度法、高效液相色谱法,依据反应原理,通过查阅文献,可改变测定方法,自行设计实验方案。

八、思考题

(1)若在碱性条件下测定,产生的是正误差还是负误差?

(2)实验中为何要用煮沸放冷的蒸馏水?

实验三十九　呋喃甲醇和呋喃甲酸的制备

一、实验目的

(1)学习呋喃甲醛制备呋喃甲醇和呋喃甲酸的原理和方法。

(2)巩固蒸馏、萃取、重结晶等基本操作。

二、实验原理

Cannizzaro 反应是指不含 α-活泼氢的醛,在强碱存在下,进行自身的氧化还原反应,一分子醛被氧化成酸,另一分子醛被还原为醇。呋喃甲酸和呋喃甲醇可以通过呋喃甲醛和氢氧化钠作用来制备。反应方程式如下。

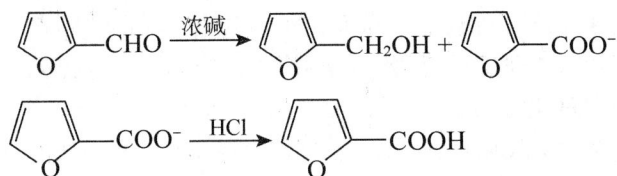

$$\text{(furan)}-CHO \xrightarrow{\text{浓碱}} \text{(furan)}-CH_2OH + \text{(furan)}-COO^-$$

$$\text{(furan)}-COO^- \xrightarrow{HCl} \text{(furan)}-COOH$$

三、实验装置

制备装置如图 5-39-1 所示。

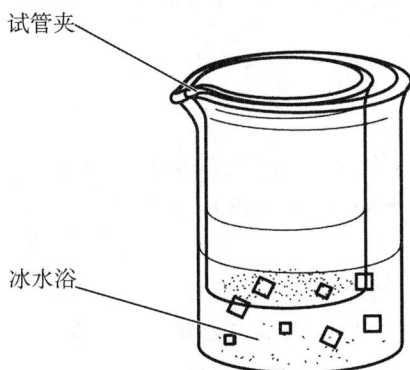

图 5-39-1　呋喃甲醇和呋喃甲酸的制备

四、仪器与试剂

1. **药品**　新蒸馏糠醛、43%氢氧化钠溶液、水、乙醚、无水硫酸镁、盐酸(1:1)。

2. **仪器**　烧杯、圆底烧瓶、蒸馏头、直形冷凝管、尾接管、玻璃棒、分液漏斗等标准磨口仪器。

五、实验方法

将 11ml(0.133mol)新蒸的呋喃甲醛置于 100ml 烧杯中,用冰水浴冷却。另取 5.4g(0.133mol)氢氧化钠于 50ml 锥形瓶中,加 8ml 水,搅拌溶解后,再用冰水冷却至室温。搅拌下用滴管将氢氧化钠溶液缓慢地滴加到呋喃甲醛中,控制反应温度在 10~15℃。滴加完后,继续搅拌 0.5~1 小时,以保证反应完全。反应得一黄色浆状物,在搅拌下向浆状物中逐渐加入适量的水,使固体恰好完全溶解(约 13ml),此时溶液呈暗红色。将溶液转移到分液漏斗中,每次用 15ml 乙醚萃取,萃取 3 次,合并乙醚萃取液,得到呋喃甲醇的乙醚溶液,备用。

在搅拌下向乙醚提取后的水溶液中慢慢加入盐酸(1:1)酸化至 pH 2~3(约需 10ml),冷却,结晶析出。抽滤,用少量冷水洗涤产品 1~2 次。干燥后的粗产品用水重结晶,得白色针状呋喃甲酸,干燥后称重(约 5g)。

六、注意事项

(1)反应温度若高于15℃,则温度极易升高而难以控制,致使副产物急剧增加,反应液变成深红色;若温度低于10℃,则反应过慢,氢氧化钠不能及时反应掉而造成积累,一旦发生反应,就会过于猛烈而使温度迅速升高。

(2)在整个反应过程中,必须不断搅拌,因为歧化反应是一个两相反应。

(3)在同样条件下,也可采取反加的方式,即将呋喃甲醛滴加到氢氧化钠溶液中,产率相仿。

(4)若期间反应液变成黏稠状而无法搅拌时,可停止搅拌进行下一步操作。

(5)呋喃甲酸重结晶时,不要长时间加热回流,否则部分呋喃甲酸会被分解,出现焦油状物。

七、实验设计

本实验耗时较长,不要求制备出纯净的呋喃甲醇和测定呋喃甲酸的熔点。可依据相关文献,自行设计实验方案,完成以下内容:①制备纯净的呋喃甲醇;②测定呋喃甲醇的沸点;③测定呋喃甲酸的熔点。

方案一:制备纯净的呋喃甲醇。

在上面的实验中,得到的是呋喃甲醇的乙醚溶液。本方案中,可通过蒸馏的方法蒸去乙醚,提纯呋喃甲醇。

注意:乙醚是低沸点易燃物,乙醚的蒸馏需要格外注意安全。蒸馏前烧好热水或自带热水,蒸馏时要关闭一切火源。关于低沸点易燃物的蒸馏操作可参阅相关文献。

参考实验装置如图5-39-2所示。

方案二:测定呋喃甲醇的沸点,判断呋喃甲醇的纯度。

可根据方案一的操作,完成测定呋喃甲醇的沸点、定性判断呋喃甲醇纯度的方案。

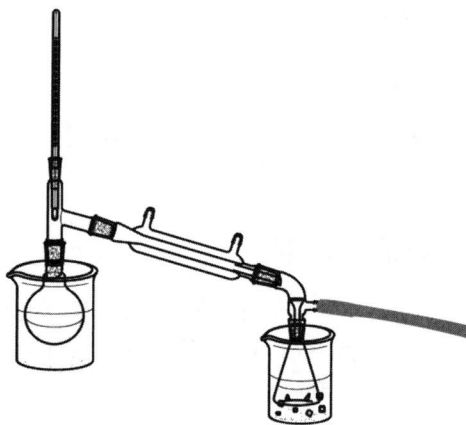

图 5-39-2　纯净呋喃甲醇的制备

方案三:测定呋喃甲酸的熔点,判断呋喃甲酸的纯度。

可根据本书前面的相关内容,完成测定呋喃甲酸的熔点、判断呋喃甲酸纯度的方案。

八、思考题

(1)在操作过程中,怎样控制反应温度?

(2)为什么要等氢氧化钠溶解后,再用冰水冷却?

(3)在操作过程中,如果用于冷却的冰水过多,不慎进入反应液中,会有什么结果?

(4)浆状物中加水过量会有什么后果?

实验四十　茶叶中生物碱的提取

一、实验目的

(1)学习从茶叶中提取咖啡碱的基本原理和方法,了解咖啡碱的一般性质。

(2)采取回流、蒸馏、升华等操作设计研究生物碱的提取方法。

二、实验原理

植物中的生物碱常以盐(能溶解于水或醇)或游离碱(能溶于有机溶剂)的状态存在。因此,可根据生物碱与这些杂质在溶剂中的不同溶解度及不同的化学性质而加以分离。

茶叶中的生物碱均为黄嘌呤的衍生物,有咖啡碱、茶碱、可可碱等,其中以咖啡碱含量最多,为 1%~5%。咖啡碱呈弱碱性,易溶于氯仿(12.5%)、水(2%)、乙醇(2%)等。利用其溶解性可顺利地将其从茶叶中提取出来。

含结晶水的咖啡碱为无臭、味苦的白色结晶,100℃时即失去结晶水,并开始升华,120℃时升华相当显著,至 178℃时升华很快。无水咖啡碱的熔点为 234.5℃,因此,可用升华的方法提纯咖啡碱粗品。

咖啡碱具有刺激心脏、兴奋大脑神经和利尿的作用,主要用作中枢神经兴奋药,它是复方阿司匹林等药物的组分之一。

三、实验装置

茶叶中生物碱的提取和升华装置如图 5-40-1 和图 5-40-2 所示。

图 5-40-1　提取装置

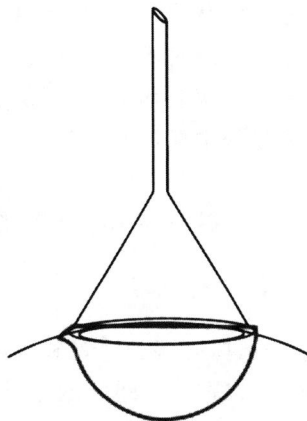

图 5-40-2　升华装置

四、仪器与试剂

1. **药品**　茶叶末、95％乙醇、水、生石灰。
2. **仪器**　蒸发皿、长颈漏斗、玻璃棒等标准磨口仪器及棉花、纱布、滤纸、保鲜膜、电热套。

五、实验方法

1. **粗提**　称取 5g 干茶叶末，装入 100ml 烧杯中，用 60ml 95％乙醇和 20～30ml 水浸泡一周（烧杯口用保鲜膜封口）。按图 6-40-1 将装置装好，然后在恒压滴液漏斗中垫一小块纱布，将茶叶连同溶剂加入到漏斗中，溶剂流入圆底烧瓶中，茶叶留在漏斗中，在茶叶上面盖上一小块纱布，然后打开冷凝水，打开火源，加热回流以提取茶叶中残留的咖啡碱。有回流后关闭漏斗的活塞，等液体充满后打开活塞，反复操作，连续抽提 1.5 小时至漏斗中提取液颜色变浅后停止加热，将漏斗中的液体全部放到烧瓶中，并用玻璃棒挤压至干，稍冷却。

2. **浓缩**　将上述装置改装成蒸馏装置，蒸馏回收大部分乙醇。然后将残留液（8～10ml）倾入蒸发皿中，烧瓶用少量乙醇洗涤，洗涤液也倒入蒸发皿中，蒸发至剩 3～4ml 溶剂时，加入 4g 生石灰粉，搅拌均匀，用电热套稍加热（100～120V），蒸发至干，除去全部水分。冷却后，擦去沾在边上的粉末，以免升华时污染产物。

3. **升华**　将一张刺有许多小孔的圆形滤纸盖在蒸发皿上，取一只大小合适的长颈漏斗罩于其上，漏斗颈部疏松地塞一团棉花。

用电热套小心加热蒸发皿，慢慢升高温度，使咖啡碱升华，咖啡碱通过滤纸孔在漏斗内壁凝为固体，附着于漏斗内壁和滤纸上。当纸上出现白色针状晶体时，暂停加热，冷至 100℃ 左右，揭开漏斗和滤纸，仔细地用小刀把附着于滤纸及漏斗壁上的咖啡碱刮入表面皿中。将蒸发皿内的残渣加以搅拌，重新放好滤纸和漏斗，用较高的温度再加热升华一次。此时，温度也不宜太高，否则蒸发皿内大量冒烟，产品既受污染又遭损失。合并两次升华所收集的咖啡碱，称重，计算提取率。

六、注意事项

(1) 若漏斗内萃取液色浅，即可停止萃取。

(2) 浓缩萃取液时不可蒸得太干，大约蒸出 2/3 体积的溶剂即可。

(3) 拌入生石灰要均匀，生石灰的作用除吸水外，还可中和除去部分酸性杂质，如鞣酸。

(4) 升华过程中要控制好温度。若温度太低，升华速度较慢；若温度太高，会使产物发黄（分解）。

(5) 刮下咖啡碱时要小心操作，防止混入杂质。

七、实验设计

生物碱的提取有多种装置和方法。通过查阅文献，依据反应原理，改变反应所用装置、原料及催化剂，可以适当改进实验条件。可参照以下内容自行设计实验方案。

1. **实验装置的改进**　在本实验中，可利用索氏提取器替换图 5-40-1 的仪器。利用索氏提取法提取生物碱能缩短实验时间，更加方便、快捷，具体内容可参考《有机化学实验》。

2. **实验方法的改进**　生物碱的提取有多种实验方法。可尝试利用以下方法：在 50ml 锥形瓶中加入 1.5g 无水碳酸钠和 15ml 水,加热使固体溶解。加入市售的袋泡茶一袋(1.5～2.0g),锥形瓶口盖上表面皿,继续加热使溶液微沸,保持加热 30～40 分钟。冷却锥形瓶,将提取液倒入另一容器中,用一玻璃棒尽量将茶袋中的液体滗干。用 3ml 二氯甲烷萃取水溶液。由于存在多种物质成分,萃取液有乳化现象,可采取离心方式去除。将分离的有机层通过一铺有少量棉花和 2～3g 无水硫酸钠的漏斗过滤,水层再用二氯甲烷萃取 3 次(每次 3ml)。萃取液同样用上述方法过滤。滤液经旋转蒸发除去溶剂,得灰白色的咖啡碱粗品。

在一个吸滤瓶中放入咖啡碱粗品,中间插入一支带支管的试管并通入冷却水,加热吸滤瓶底部,进行升华,要防止咖啡碱熔融(减压升华装置)。当所有咖啡碱粗品升华到试管底部后,停止加热,关水,移去真空,小心地将升华产物刮在称量纸上,称重,计算该茶叶中咖啡碱的含量,测定熔点。进行红外光谱测定并与标准品进行比较。

八、思考题

(1)浓缩萃取液时为何不可蒸得太干?

(2)如何判断升华是否完全?

(3)提取咖啡碱时加入氧化钙和碳酸钠,它们各起什么作用?

实验四十一　阿司匹林(乙酰水杨酸)的制备及含量测定

一、实验目的

(1)通过本实验了解阿司匹林(乙酰水杨酸)的制备原理和方法。

(2)巩固抽滤、重结晶等操作。

(3)学会测定阿司匹林中乙酰水杨酸的含量。

二、实验原理

阿司匹林(aspirin)的主要成分是乙酰水杨酸(acetylsalicylic acid),于 19 世纪末合成成功,作为有效的解热止痛、治疗感冒药物,至今仍广泛使用。

乙酰水杨酸由水杨酸(邻羟基苯甲酸)与乙酸酐进行酯化反应得到。反应方程式如下。

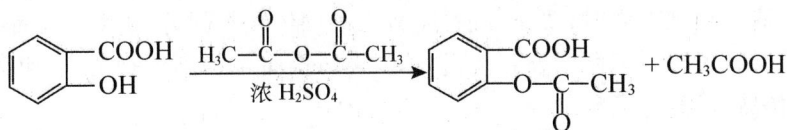

乙酰水杨酸分子结构中含有羧基,在溶液中可解离出 H^+,故可用标准碱溶液 NaOH 直接滴定,其滴定反应如下。

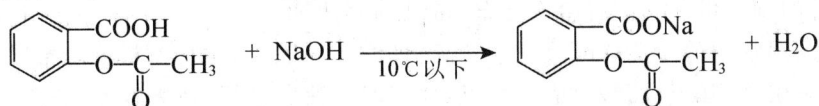

化学计量点时,生成物是强碱弱酸盐,溶液呈微碱性,应选用碱性区域变色的指示剂,本实验选用酚酞,终点颜色由无色变为淡红色。根据试样量和氢氧化钠标准溶液的浓度及其用量

便可计算出阿司匹林中乙酰水杨酸的含量,其计算公式如下。

$$C_9H_8O_4(\%) = \frac{C_{NaOH} \times V_{NaOH} \times \dfrac{M_{C_9H_8O_4}}{1000}}{W_{样品(g)}} \times 100\%$$

$$M_{C_9H_8O_4} = 180.2(g/mol)$$

三、仪器与试剂

1. 药品　水杨酸 2g(0.015mol)、乙酸酐 5ml(0.053mol)、饱和 NaHCO$_3$、4mol/L 盐酸、浓硫酸、冰块、95％乙醇、蒸馏水、1％FeCl$_3$、0.1mol/L 氢氧化钠标准溶液、酚酞指示液(0.1％的乙醇液)。

2. 仪器　150ml 和 250ml 锥形瓶,5ml 吸量管(干燥,附洗耳球)、100ml、250ml 和 500ml 烧杯,10ml 和 100ml 量筒,25ml 碱式滴定管,恒温水浴锅,温度计,玻璃棒,布氏漏斗等。

四、实验方法

1. 制备　在 150ml 锥形瓶中加入 5ml 乙酸酐、2g 水杨酸和 4 滴浓硫酸,摇动锥形瓶使水杨酸全部溶解,在水浴(85～90℃)上加热 8 分钟。用冰水冷却使结晶析出。加入 50ml 水,继续用冰水冷却使结晶完全析出。抽滤并用少量水洗涤结晶,将滤干后所得粗产物转移到 100ml 烧杯中,加入 25ml 饱和碳酸氢钠溶液,搅拌至无 CO$_2$ 气泡产生。抽滤,滤液倒入盛有酸液(4ml 浓 HCl＋10ml 水)的 50ml 烧杯中,搅拌,用冰水冷却结晶。抽滤并用少量水洗涤结晶,干燥后称重并计算产率。熔点 133～135℃。

产品鉴定和分析:取几粒结晶加入盛有 3ml 水的试管中,加入 1～2 滴 1％FeCl$_3$ 溶液观察有无颜色反应(紫色)。

2. 含量测定　取精制阿司匹林样品 0.4g,精密称定,加中性乙醇(取 40ml 95％乙醇,加酚酞指示液 8 滴,用 0.1mol/L 氢氧化钠标准溶液滴定至淡红色即可)10ml 溶解后,在不超过 10℃的温度下,用 0.1mol/L 氢氧化钠标准溶液滴定至淡红色即为终点。平行测定 3 次,根据公式即可求算阿司匹林中乙酰水杨酸的含量,计算平均值。

五、注意事项

(1)乙酸酐须重新蒸馏,水杨酸、玻璃仪器需预先干燥。

(2)将反应液转移到水中时,要充分搅拌,将大的固体颗粒搅碎,以防重结晶时不易溶解。

(3)本实验要注意控制好温度(85～90℃),温度过高将增加副产物生成,如水杨酰水杨酸、乙酰水杨酰水杨酸、乙酰水杨酸酐等。

六、实验设计

阿司匹林的制备可采用多种合成方案,常见的有两种。

方案一:采用水杨酸与乙酸酐反应。特点:反应产率较高,但是原料较为昂贵。

方案二:采用水杨酸与乙酸反应。特点:反应原料便宜,但是产率较低,装置相对复杂。共同点:两个方案的后处理过程基本相同。在上面的实验中,主要过程是按照方案一进行的。

依据反应原理,通过查阅文献,可改变反应所用装置、原料,适当改进实验条件,自行设计方案二的实验过程。

在本实验中,方案一和方案二(设计)可任选其一。

七、思考题

(1)反应容器为什么要干燥无水?

(2)反应中有哪些副产物,如何除去?

(3)反应中加入浓硫酸的目的是什么?

参考文献

［1］郝向荣,黄月君.基础化学实验操作技术.北京:北京科学技术出版社,2016.

［2］傅春华,黄月君.基础化学.3版.北京:人民卫生出版社,2018.

［3］蔡自由,黄月君.分析化学.2版.北京:中国医药科技出版社,2013.

［4］叶国华,无机化学.2版.北京:中国中医药出版社,2018.

［5］叶彦春,有机化学实验.3版.北京:北京理工大学出版社,2018.

［6］胡春.有机化学实验.2版.北京:中国医药科技出版社,2014.

［7］曾昭琼.有机化学实验.3版.北京:高等教育出版社,2010.

［8］王志江,陈东林.有机化学.4版.北京:人民卫生出版社,2018.

［9］彭松、林辉.有机化学实验.2版.北京:中国中医药出版社,2015.

［10］李明梅,吴琼林,方苗利.分析化学.武汉:华中科技大学出版社,2017.

［11］方宾,王伦,高峰.化学实验.2版.北京:高等教育出版社,2015.

［12］董彦杰.化学基础实验.北京:化学工业出版社,2012.

［13］华中师范大学等.分析化学.4版.北京:高等教育出版社,2015.

［14］GB/T5750.1-2006.生活饮用水标准检验方法.

［15］GB 8538-2016.食品安全国家标准饮用天然矿泉水检验方法.

［16］国家药典委员会.中华人民共和国药典.二部.北京:化学工业出版社,2015.

附 录

附录一　相对原子质量

元素	符号	相对原子量	元素	符号	相对原子量	元素	符号	相对原子量
银	Ag	107.87	铪	Hf	178.49	铷	Rb	85.468
铝	Al	26.982	汞	Hg	200.59	铼	Re	186.21
氩	Ar	39.948	钬	Ho	164.93	铑	Rh	102.91
砷	As	74.922	碘	I	126.90	钌	Ru	101.07
金	Au	196.97	铟	In	114.82	硫	S	32.066
硼	B	10.811	铱	Ir	192.22	锑	Sb	121.76
钡	Ba	137.33	钾	K	39.098	钪	Sc	44.956
铍	Be	9.0122	氪	Kr	83.80	硒	Se	78.96
铋	Bi	208.98	镧	La	138.91	硅	Si	28.086
溴	Br	79.904	锂	Li	6.941	钐	Sm	150.36
碳	C	12.011	镥	Lu	174.97	锡	Sn	118.71
钙	Ca	40.078	镁	Mg	24.305	锶	Sr	87.62
镉	Cd	112.41	锰	Mn	54.938	钽	Ta	180.95
铈	Ce	140.12	钼	Mo	95.94	铽	Tb	158.9
氯	Cl	35.453	氮	N	14.007	碲	Te	127.60
钴	Co	58.933	钠	Na	22.990	钍	Th	232.04
铬	Cr	51.996	铌	Nb	92.906	钛	Tl	47.867
铯	Cs	132.91	钕	Nd	144.24	铊	Ti	204.38
铜	Cu	63.546	氖	Ne	20.180	铥	Tm	168.93
镝	Dy	162.50	镍	Ni	58.693	铀	U	238.03
铒	Er	167.26	镎	Np	237.05	钒	V	50.942
铕	Eu	151.96	氧	O	15.999	钨	W	183.84
氟	F	18.998	锇	Os	190.23	氙	Xe	131.29
铁	Fe	55.845	磷	P	30.974	钇	Y	88.906
镓	Ga	69.723	铅	Pb	207.2	镱	Yb	173.04
钆	Gd	157.25	钯	Pd	106.42	锌	Zn	65.39
锗	Ge	72.61	镨	Pr	140.91	锆	Zr	91.224
氢	H	1.0079	铂	Pt	195.08			
氦	He	4.0026	镭	Ra	226.03			

附录二　常见化合物的相对分子质量

分子式	相对分子质量	分子式	相对分子质量
$AgBr$	187.77	$AgNO_3$	169.87
$AgCl$	143.22	$AgSCN$	165.95
AgI	234.77	Al_2O_3	101.96
$AgCN$	133.89	$Al(OH)_3$	78.00
Ag_2CrO_4	331.73	$Al_2(SO_4)_3$	342.14
$Al_2(SO_4)_3 \cdot 18H_2O$	666.41	$H_2C_2O_4$	90.04
As_2O_3	197.84	$H_2C_2O_4 \cdot 2H_2O$	126.07
As_2O_5	229.84	$HC_2H_3O_2(HAc)$	60.05
As_2S_3	246.02	HCl	36.46
As_2S_5	310.14	H_2CO_3	62.03
$BaCl_2$	208.24	$HClO_4$	100.46
$BaCl_2 \cdot 2H_2O$	244.27	HNO_2	47.01
$BaCO_3$	197.34	HNO_3	63.01
BaO	153.33	H_2O	18.02
$Ba(OH)_2$	171.34	H_2O_2	34.02
$BaSO_4$	233.39	H_3PO_4	98.00
BaC_2O_4	225.35	H_2S	34.08
$BaCrO_4$	253.32	HF	20.01
CaO	56.08	FeO	71.85
$CaCO_3$	100.09	Fe_2O_3	159.69
CaC_2O_4	128.10	Fe_3O_4	231.54
$CaCl_2$	110.99	$Fe(OH)_3$	106.87
$CaCl_2 \cdot H_2O$	129.00	$FeSO_4$	151.90
$CaCl_2 \cdot 6H_2O$	219.08	$FeSO_4 \cdot H_2O$	169.92
$Ca(NO_3)_2$	164.09	$FeSO_4 \cdot 7H_2O$	278.01
CaF_2	78.08	$Fe_2(SO_4)_3$	399.87
$Ca(OH)_2$	74.09	$FeSO_4 \cdot (NH_4)_2SO_4 \cdot 6H_2O$	392.13
$CaSO_4$	136.14	$KAl(SO_4)_2 \cdot 12H_2O$	474.39
$Ca_3(PO_4)_2$	310.18	KBr	119.00
CO_2	44.01	$KBrO_3$	167.00
CCl_4	153.82	KCl	74.55
Cr_2O_3	151.99	$KClO_3$	122.55
CuO	79.55	$KClO_4$	138.55
CuS	95.61	K_2CO_3	138.21
$CuSO_4$	159.60	KCN	65.12
$CuSO_4 \cdot 5H_2O$	249.68	K_2CrO_4	194.19
$C_4H_6O_3$(醋酐)	102.09	$K_2Cr_2O_7$	294.18
$C_7H_6O_2$(苯甲酸)	122.12	$KHC_2O_4 \cdot H_2O$	146.14
HI	127.91	$KHC_2O_4 \cdot H_2C_2O_4 \cdot 2H_2O$	254.19

分子式	相对分子质量	分子式	相对分子质量
HBr	80.91	KHC$_8$H$_4$O$_4$（邻苯二甲酸氢钾）	204.22
HCN	27.03	KHCO$_3$	100.12
H$_2$SO$_3$	82.07	KH$_2$PO$_4$	136.09
H$_2$SO$_4$	98.07	KHSO$_4$	136.16
Hg$_2$Cl$_2$	472.09	KI	166.00
HgCl$_2$	271.50	KIO$_3$	214.00
H$_3$BO$_3$	61.83	KIO$_3$·HIO$_3$	389.91
HCOOH	46.03	KMnO$_4$	158.03

附录三　常见基准物的干燥条件及标定对象

基准物质	干燥条件	标定对象
AgNO$_3$	280～290℃干燥至恒重	卤化物、硫氰酸盐
As$_2$O$_3$	室温干燥器中保存	I$_2$
CaCO$_3$	110～120℃保持2小时,干燥器中冷却	EDTA
KHC$_8$H$_4$O$_4$（邻苯二甲酸氢钾）	110～120℃干燥至恒重,干燥器中冷却	碱、HClO$_4$
K$_2$Cr$_2$O$_7$	140～150℃保持3～4小时,干燥器中冷却	Na$_2$S$_2$O$_3$
NaCl	500～600℃保持50分钟,干燥器中冷却	AgNO$_3$
Na$_2$B$_4$O$_7$·10H$_2$O	含NaCl-蔗糖饱和溶液的干燥器中保存	酸
Na$_2$CO$_3$	270～300℃保持50分钟,干燥器中冷却	酸
Na$_2$C$_2$O$_4$	130℃保持2小时,干燥器中冷却	KMnO$_4$
Zn	室温干燥器中保存	EDTA
ZnO	900～1000℃保持50分钟,干燥器中冷却	EDTA

附录四　常见酸碱溶液的浓度、含量及密度

名称和化学式	相对密度（20℃）	质量分数	质量浓度（g/ml）	物质的量浓度（mol/L）
浓盐酸 HCl	1.19	38.0		12
稀盐酸 HCl			10	2.8
稀盐酸 HCl	1.10	20.0		6
浓硝酸 HNO$_3$	1.42	69.8		16
稀硝酸 HNO$_3$			10	1.6

（续　表）

名称和化学式	相对密度 （20℃）	质量分数	质量浓度 （g/ml）	物质的量浓度 （mol/L）
稀硝酸 HNO_3	1.2	32.0		6
浓硫酸 H_2SO_4	1.84	98		18
稀硫酸 H_2SO_4			10	1
稀硫酸 H_2SO_4	1.18	24.8		3
浓醋酸 HAc	1.05	90.5		17
稀醋酸 HAc	1.045	36～37		6
高氯酸 $HClO_4$	1.74	74		13
浓氨水 $NH_3 \cdot H_2O$	0.90	25～27		15
稀氨水 $NH_3 \cdot H_2O$		10		6
稀氨水 $NH_3 \cdot H_2O$	1.109	2.5		1.5
氢氧化钠 NaOH		10		2.8

附录五　常用缓冲溶液的配制

名称和化学式	配制方法
0.05mol/L 草酸三氢钾溶液 $KH_3(C_2O_4)_2 \cdot 2H_2O$	称取在 54℃±3℃ 下烘干 4～5 小时的草酸三氢钾 12.61g,溶于蒸馏水中,在容量瓶中稀释至 1000ml
25℃饱和酒石酸氢钾溶液 $KHC_4H_4O_6$	在磨口玻璃瓶中装入纯化水和过量的酒石酸氢钾粉末(约 20g/L),控制温度在 25℃±5℃,剧烈振摇 20～30 分钟,溶解澄清后,去上清液备用
0.05mol/L 邻苯二甲酸氢钾 $KHC_8H_4O_4$	称取在 115℃±5℃ 下烘干 2～3 小时的邻苯二甲酸氢钾 10.12g,溶于蒸馏水中,在容量瓶中稀释至 1000ml
0.025mol/L 磷酸二氢钾（KH_2PO_4）和 　0.025mol/L 磷酸氢二钠（Na_2HPO_4） 　混合溶液	分别称取在 115℃±5℃ 下烘干 2～3 小时的磷酸二氢钾 3.39g 和磷酸氢二钠 3.53g,溶于蒸馏水中,在容量瓶中稀释至 1000ml
25℃饱和氢氧化钙溶液 $Ca(OH)_2$	在磨口玻璃瓶或聚乙烯塑料瓶中装入蒸馏水和过量的酒石酸氢钾粉末(5～10g/L),控制温度在 25℃±5℃,剧烈振摇 20～30 分钟,迅速用抽滤法滤取清液备用
0.01mol/L 硼砂溶液 $Na_2B_4O_7 \cdot 10H_2O$	称取硼砂 3.80g(注意:不能烘干!),溶于蒸馏水,在容量瓶中稀释至 1000ml

附录六　常用指示剂的配制

名称	配制方法
甲基橙	取甲基橙 0.1g,加纯化水 100ml 溶解后,过滤即得
酚酞	取酚酞 1g,加 95％乙醇 100ml 溶解后即得
铬酸钾	取铬酸钾 5g,加纯化水溶解,稀释至 100ml 即得
硫酸铁铵	取硫酸铁铵 8g,加纯化水溶解,稀释至 100ml 即得
铬黑 T	取铬黑 T0.2g,溶于 15ml 三乙醇胺及 5ml 甲醇中即得
钙指示剂	取钙指示剂 0.1g,加氯化钠 10g,混合研磨均匀即得
淀粉	取淀粉 0.5g,加纯化水 5ml 搅匀后,缓缓加入 100ml 沸水中,随加随搅拌,煮沸 2 分钟,放至室温,取上清液使用(本液应临用时配制)
碘化钾淀粉	取碘化钾 0.5g,加新制的淀粉指示液 100ml,使其溶解即得,本液配制 24 小时后,即不能再使用

附录七　基本实验操作考核方法与评分标准

附表 7-1　常规仪器和基本操作

考核项目及标准	扣分			
	学生姓名			
1. 试管的握持(5 分) "三指握两指拳"。即拇指、示指、中指握住试管,环指和小指握成拳,和拿毛笔写字有点相似。手指握在试管中上部				
2. 药品的取用(15 分) (1)取用粉末状或细粒状固体,通常用药匙或纸槽。操作时,做到"一送、二竖、三弹"(即药品平送入试管底部,竖起试管,手指轻弹药匙柄或纸槽),使药品全部落入试管底。(5 分) (2)取用块状或大颗粒状固体常用镊子,操作要领是"一横、二放、三慢竖",即向试管里加块状药品时,应先把试管横放,把药品放入试管口后,再把试管慢慢地竖起,使药品沿着管壁缓缓滑到试管底部。(5 分) (3)使用细口瓶倾倒液体药品,操作要领是"一放、二向、三挨、四流",即先拿下试剂瓶塞倒放在桌面上,然后拿起瓶子,瓶上标签向着手心,瓶口紧挨着试管口,让液体沿试管内壁慢慢地流入试管底部(5 分)				

（续　表）

考核项目及标准	扣分				
	学生姓名				
3. 胶头滴管的使用（15分） (1)夹持时,用环指和中指夹持在橡皮胶头和玻璃管的连接处。（3分） (2)吸液时,先挤压橡皮胶头,赶走滴管中的空气后,再将玻璃尖嘴伸入试剂液中,放开拇指和示指,液体试剂便被吸入,然后将滴管提起。（4分） (3)吸完液体后,胶头必须向上,不能平放,更不能使玻璃尖嘴的开口向上;也不能把吸完液体后的滴管放在实验桌上,以免沾污滴管。（4分） (4)滴液时,胶头滴管应该在盛接容器的垂直上方（4分）					
4. 振荡盛有液体的试管（5分） 握持试管中上部,振荡试管时,用手腕力量摆动,手臂不摇,试管底部划弧线运动,使管内溶液发生振荡,不可上下颠,以防液体溅出					
5. 溶解固体时搅拌操作（5分） (1)操作时将烧杯平放在桌面上,先加入固体物质,然后加入适量水。 (2)拿住玻璃棒一端的1/3处,玻璃棒另一端伸至烧杯内液体的中部或沿烧杯内壁,交替按顺时针和逆时针方向做圆周运动,速度不可太快,用力不可太大,玻璃棒不能碰撞烧杯内壁发出叮当声。 (3)如果固体颗粒太大不易溶解时,应先在洁净干燥的研钵中将固体研细,研钵中盛放固体的量不要超过其容量的1/3					
6. 量筒的使用（5分） (1)根据量取的液体体积,选用能一次量取即可的最小规格的量筒。 (2)操作要领是"量液体,筒平稳;口挨口,免外流;改滴加,至刻度;读数时,视线与液面最低处保持水平"。若不慎加入液体的量超过刻度,应手持量筒倒出少量于指定容器中,再用滴管滴至刻度处					
7. 过滤操作（15分） 常用的过滤方法有常压过滤,减压过滤和热过滤。 (1)常压过滤。 1)将滤纸贴在漏斗壁上时,应用手指压住滤纸,用水润湿,使滤纸紧贴在漏斗壁上,赶走滤纸和漏斗壁之间的气泡,以利于提高过滤速度。 2)滤纸上沿低于漏斗口,溶液液面低于滤纸上沿。 3)漏斗颈下端紧靠承接滤液的烧杯的内壁,引流的玻璃棒下端轻靠三层滤纸一侧;盛待过滤液的烧杯的嘴部靠在玻璃棒的中下部,应手持玻璃棒中上部。					

考核项目及标准	扣分				
	学生姓名				

考核项目及标准
（2）减压过滤。
1）安装好仪器后，将滤纸放入布氏漏斗内，滤纸大小应略小于漏斗内径又能将全部小孔盖住为宜。用蒸馏水润湿滤纸，微开水门，抽气使滤纸紧贴在漏斗瓷板上。
2）用倾析法先转移溶液，溶液量不应超过漏斗容量的 2/3，开大水门，待溶液快流尽时再转移沉淀。
3）注意观察吸滤瓶内液面高度，当快达到支管口位置时，应拔掉吸滤瓶上的橡皮管，从吸滤瓶上口倒出溶液，不要从支管口倒出，以免弄脏溶液。
4）洗涤沉淀时，应放小水门，使洗涤剂缓慢通过沉淀物，这样容易洗净。
5）吸滤完毕或中间需停止吸滤时，应注意需先拆下连接抽气泵和吸滤瓶的橡皮管，然后关闭水龙头，以防反吸。
（3）热过滤。
把玻璃漏斗放在铜质的热滤漏斗内，热滤漏斗内装有热水以维持溶液的温度。也可以事先把玻璃漏斗在水浴上用蒸气加热，再使用。热过滤选用的玻璃漏斗颈越短越好
8. 仪器的连接（10 分）
（1）左手持口大的仪器，右手握在靠近待插入仪器的那部分，先将其润湿，然后稍稍用力转动，使其插入。
（2）将橡皮塞塞进试管口时，应慢慢转动塞子使其塞紧。塞子大小以塞进管口的部分为塞子的 1/3 为宜。拆时应按与安装时的相反方向稍用力转动拔出
9. 溶液与沉淀的分离方法（10 分）
溶液与沉淀的分离方法有 3 种：倾析法，过滤法，离心分离法。
（1）倾析法。在烧杯上口横放一玻璃棒，玻璃棒与烧杯倾倒口相交，示指压住玻璃棒，其他四指握住烧杯，进行倾倒。
（2）过滤法。
（3）离心分离法。
1）把盛有混合物的离心管放入离心机的套管内，在这套管的相对位置上的空套管内放一同样大小的试管，内装与混合物等体积的水，以保持转动平衡。
2）打开离心机开关，先缓慢转动，再逐渐加速，1～2 分钟后，降低转动速度，使离心机慢慢停下来，倒出离心试管。
3）用倾析法分离溶液与沉淀，如果沉淀需要洗涤，可以加入少量的洗涤液，用玻璃棒充分搅拌，再进行离心分离，如此重复操作两三遍即可

（续　表）

考核项目及标准	扣分			
	学生姓名			

10. 装置气密性的检查(5分)

(1)导管一端先放入水中,然后用手贴住容器加温,由于容器里的空气受热膨胀,导管口就有气泡逸出,把手松开降温一会儿,水就沿导管上升,形成一段水柱。这表明装置的气密性良好。

(2)观察导管口不冒气泡,有两种情况。一是用手握持容器时间过长,气体热胀到一定程度后不再膨胀,并不是漏气所致。应把橡皮塞取下,将试管稍冷却一下重新检验。二是装置漏气。先从装置连接处查找原因,然后考虑连接顺序是否正确

11. 玻璃仪器的洗涤和干燥(10分)

(1)玻璃仪器的洗涤。(5分)

1)冲洗法。对于尘土或可溶性污物用水来冲洗。

2)刷洗法。内壁附有不易冲洗掉的物质,可用毛刷刷洗。

3)药剂洗涤法。对于不溶性物、油污、有机物等污物,可用药剂来洗涤。

去污粉(碱性):Na_2CO_3＋白土＋细砂

铬酸洗液:$K_2Cr_2O_7$＋H_2SO_4(浓)

铬酸洗液有强烈的腐蚀作用并有毒,勿用手接触。

洗涤时,若仪器透明,器壁不挂水珠,表明洗净。

(2)干燥。(5分)

1)晾干法。倒置让水自然挥发,适用于容量仪器。

2)烤干法。适用于可加热或耐高温的仪器,如试管、烧杯等。

3)烘干法。在电烘箱中于105℃烘半小时。

4)吹干法。电吹风吹干(也可以用少量乙醇润洗后再吹干)

附表 7-2　称量仪器和基本操作

考核项目及标准	扣分			
	学生姓名			

一、托盘天平的使用(20分)

(1)托盘天平称量前,先把游码归零,观察天平是否平。

(2)相同纸片放两边,潮、腐药品皿盛放,左放称物右放码。

(3)镊子先夹质量大,最后游码来替补;移动游码时要左手扶住标尺左端,右手用镊子轻轻拨动游码。

考核项目及标准	扣分				
	学生姓名				
（4）若称取一定质量的固体粉末时，质量确定好后，在左盘中放入固体物质，往往在接近平衡时加入药品的量难以掌握，这时应用右手握持盛有药品的药匙，用左手掌轻碰右手手腕，使少量固体溅落在左盘里逐渐达到平衡。若不慎在托盘上放多了药品，取出后不要放回原瓶，要放在指定的容器中。 （5）称量完毕做记录，砝码回盒游码零					
二、电子天平的使用（50分） 1. 称量前的检查与准备（5分） 2. 调节零点（10分） 每次称量前都要先测定天平的零点。 3. 称量物体（15分） （1）在使用分析天平称量物体之前应将物体先在台秤上粗称。 （2）将待称量物置于天平左盘的中央。 4. 读数（5分） 待数字稳后即可读数。 5. 称后检查（5分） 关闭天平，取出被称量物质，关闭两侧门，盖上防尘罩，并在天平使用登记本上登记。 6. 使用天平的注意事项（10分） （1）不得用天平称量热的物品。 （2）药品不得直接放在天平盘中称量，须用容器或放置称量纸后称量					
三、固体试样的称取（30分） 1. 直接称量法（15分） 有些固体试样没有吸湿性，在空气中性质稳定，可用直接法称量。 （1）在左盘放已称过质量的表面皿或其他容器，根据所需试样的质量，在右盘上放好砝码。 （2）用角匙将固体试样逐渐加到表面皿或其他容器中，直到天平平衡为止。 2. 减重称量法（15分） 有些试样易吸水或在空气中性质不稳定，可用差减法来称取。 （1）先在一个干燥的称量瓶中装一些试样，在天平上准确称量，设称得的质量为 m_1。 （2）再从称量瓶中倾倒出一部分试样于容器内，再准确称量，设称得的质量为 m_2。 （3）前后两次称量的质量之差即为所取出的试样质量					

附表 7-3　滴定分析仪器和基本操作

考核项目及标准	扣分				
	学生姓名				

一、移液管与吸量管及其使用(40 分)

(1)吸液前要先用自来水和蒸馏水进行洗涤。(8 分)

(2)第一次用洗净的移液管吸取溶液时,应先用滤纸将尖端内外的水吸净,否则会因水滴引入而改变溶液的浓度。(5 分)

(3)用所要移取的溶液将移液管洗涤 2～3 次,以保证移取的溶液浓度不变。(5 分)

(4)用移液管自容量瓶中移取溶液时,一般用右手的拇指和中指拿住颈标线上方,将移液管插入溶液中,移液管不要插入溶液太深或太浅,太深会使管外黏附溶液过多,太浅会在液面下降时吸空。左手拿洗耳球,排除空气后紧按在移液管口上,慢慢松开手指使溶液吸入管内,移液管应随容量瓶中液面的下降而下降。(10 分)

(5)当管口液面上升到刻线以上时,立即用右手示指堵住管口,将移液管提离液面,然后使管尖端靠着容量瓶的内壁,左手拿容量瓶,并使其倾斜 30°。略微放松示指并用拇指和中指轻轻转动管身,使液面平稳下降,直到溶液的弯月面与标线相切时,按紧示指。

取出移液管,用干净滤纸擦拭管外溶液。(5 分)

(6)把准备承接溶液的容器稍倾斜,将移液管移入容器中,使管垂直,管尖靠着容器内壁,松开示指,使溶液自由地沿器壁流下,待下降的液面静止后,再等待 15 秒,取出移液管。(5 分)

(7)管上未刻有"吹"字的,切勿把残留在管尖内的溶液吹出,因为在校正移液管时,已经考虑了末端所保留溶液的体积(2 分)

吸量管的操作方法与移液管相同。

移液管和吸量管使用后,应洗净放在移液管架上

二、容量瓶(60 分)

1. 容量瓶使用前要检查瓶口是否漏水(10 分)

加自来水至标线附近,盖好瓶塞后,用左手示指按住塞子,其余手指拿住瓶颈标线以上部分,右手用指尖托住瓶底,将瓶倒置 2 分钟,如不漏水,将瓶直立,转动瓶塞 180°后,再倒置 2 分钟检查,如不漏水,即可使用。用橡皮筋将塞子系在瓶颈上,防止玻璃磨口塞沾污或搞错。

2. 用容量瓶配制标准溶液

(1)溶解。(10 分)

将准确称取的固体物质置于小烧杯中,加水或其他溶剂将固体溶解,然后将溶液定量转入容量瓶中。

(2)液体转移。(15 分)

定量转移溶液时,右手拿玻璃棒,左手拿烧杯,使烧杯嘴紧靠玻璃棒,而玻璃棒则悬空伸入容量瓶口中,棒的下端靠在瓶颈内壁上,使溶液沿玻璃棒和内壁流入容量瓶中。烧杯中溶液流完后,将烧杯沿玻璃棒轻轻上提,同时将烧杯直立,再将玻璃棒放回烧杯中。

考核项目及标准	扣分			
	学生姓名			
（3）洗涤。（10分） 用洗瓶以少量蒸馏水吹洗玻璃棒和烧杯内壁3～4次，将洗出液定量转入容量瓶中。然后加水至容量瓶的2/3容积时，拿起容量瓶，按同一方向摇动，使溶液初步混匀，此时切勿倒转容量瓶。 （4）定容。（10分） 继续加水至距离标线1cm处，等待1～2分钟，使附在瓶颈内壁的溶液流下后，用滴管滴加蒸馏水至弯月面下缘与标线恰好相切。 （5）摇匀液体。（5分） 盖上干的瓶塞，用左手示指按住塞子，其余手指拿住瓶颈标线以上部分，右手用指尖托住瓶底，将瓶倒转并摇动，再倒转过来，使气泡上升到顶，如此反复多次，使溶液充分混合均匀。 如用容量瓶稀释溶液，则用移液管移取一定体积的溶液于容量瓶中，加水至标度刻线 容量瓶使用原则。 （1）热溶液应冷却至室温后，才能稀释至标线，否则可造成体积误差。 （2）需避光的溶液应以棕色容量瓶配制。容量瓶不宜长期存放溶液，应转移到磨口试剂瓶中保存。 （3）容量瓶及移液管等有刻度的精确玻璃量器，均不宜放在烘箱中烘烤。 （4）容量瓶如长期不用，磨口处应洗净擦干，并用纸片将磨口隔开				

附表7-4　滴定管的基本操作

考核项目及标准	扣分			
	学生姓名			
滴定管 滴定管是滴定时准确测量标准溶液体积的量器。滴定管一般分为两种：一种是酸式滴定管，用于盛放酸类溶液或氧化性溶液；另一种是碱式滴定管，用于盛放碱类溶液，不能盛放氧化性溶液。 常量分析的滴定管容积有50ml和25ml，最小刻度为0.1ml，读数可估计到0.01ml。 酸式滴定管在管的下端带有玻璃旋塞，碱式滴定管在管的下端连接一橡皮管，内放一玻璃珠，以控制溶液的流出，橡皮管下端再连接一个尖嘴玻璃管。				

考核项目及标准	扣分				
	学生姓名				

1. 滴定管的准备(40分)

滴定管使用前应进行以下检查。

(1)检查滴定管的密合性。(15分)

(2)旋塞涂油。(5分)

将滴定管平入在台面上,抽出旋塞,用滤纸将旋塞及塞槽内的水擦干净,用手指蘸少许凡士林在旋塞的两侧涂上薄薄的一层。在旋塞孔的两旁少涂一些,以免凡士林堵住塞孔。

此外,可以分别在旋塞粗的一端和塞槽细的一端内壁涂一薄层凡士林,涂好凡士林的旋塞插入旋塞槽内,沿同一方向旋转旋塞,直到旋塞部位的油膜均匀透明。

(3)操作溶液的装入。(10分)

先将操作溶液摇匀,使凝结在瓶壁上的水珠混入溶液。用该溶液润洗滴定管2~3次,每次10~15ml,双手拿住滴定管两端无刻度部位,在转动滴定管的同时,使溶液流遍内壁,再将溶液由流液口放出,弃去。混匀后的操作液应直接倒入滴定管中,不可借助于漏斗、烧杯等容器来转移。

(4)管嘴气泡的检查及排除。(10分)

滴定管充满操作液后,应检查管的出口下部尖嘴部分是否充满溶液,如果留有气泡,需要将气泡排除。

酸式滴定管排除气泡的方法:右手拿滴定管上部无刻度处,并使滴定管倾斜30°,左手迅速打开活塞,使溶液冲出管口,反复数次,即可达到排除气泡的目的。

碱式滴定管排除气泡的方法:将碱式滴定管垂直的夹在滴定管架上,左手拇指和示指捏住玻璃珠部位,使胶管向上弯曲并捏挤胶管,使溶液从管口喷出,即可排除气泡。

2. 滴定操作(60分)

(1)滴定管的操作。

1)滴定手法。(10分)

使用酸式滴定管时,左手握滴定管,环指和小指向手心弯曲,轻轻贴着出口部分,其他3根手指控制活塞,手心内凹,以免触动活塞而造成漏液。

使用碱式滴定管时,左手握滴定管,拇指和示指指尖捏挤玻璃珠周围一侧的胶管,使胶管与玻璃珠之间形成一个小缝隙,溶液即可流出。

2)指示剂的选择。(5分)

3)滴定操作。(20分)

考核项目及标准	扣分				
	学生姓名				

滴定操作通常在锥形瓶内进行,也可在烧杯中进行。滴定时,用右手拇指、示指和中指拿住锥形瓶,其余两指在下侧辅助,使瓶底离滴定台高 2～3cm,滴定管下端伸入瓶口内约 1cm,左手握滴定管,边滴加溶液,边用右手摇动锥形瓶,使滴下去的溶液尽快混匀。摇瓶时,应微动腕关节,使溶液向同一方向旋转。滴速一般为 10ml/min,即每秒 3～4 滴。临近终点时,应一滴或半滴加入。

4）半滴的控制和吹洗。（5分）

使用半滴溶液时,轻轻转动活塞或捏挤胶管,使溶液悬挂在出口管嘴上,形成半滴,用锥形瓶内壁将其沾落,再用洗瓶吹洗。

5）终点的判断。（5分）

强酸滴定强碱:甲基橙由黄→橙

　　　　　　酚酞由红→无色

强碱滴定强酸:甲基橙由红→橙

　　　　　　酚酞由无色→粉红

6）滴定管的读数。（5分）

读数时将滴定管从滴定管架上取下,用右手拇指和示指捏住滴定管上部无刻度处,使滴定管保持垂直,然后再读数。

读数原则如下。

注入溶液或放出溶液后,需等待 1～2 分钟,使附着在内壁上的溶液流下来再读数。

滴定管内的液面呈弯月形,无色和浅色溶液读数时,视线应与弯月面下缘实线的最低点相切,即读取与弯月面相切的刻度;深色溶液读数时,视线应与液面两侧的最高点相切,即读取视线与液面两侧的最高点呈水平处的刻度。

使用"蓝带"滴定管时液面呈现三角交叉点,读取交叉点与刻度相交之点的读数。

读数必须读到毫升小数后第二位,即要求估计到 0.01ml。

（2）滴定结束后滴定管的处理。（10分）

滴定结束后,把滴定管中剩余的溶液倒掉,依次用自来水和纯净水洗净,然后用纯净水充满滴定管并垂直夹在滴定架上,下尖嘴口距台底座 1～2cm,上管中用一滴定管帽盖住。

滴定时注意事项。

1）最好每次滴定都从 0ml 开始,或接近 0 的任一刻度开始,这样可减少滴定误差。

2）滴定过程中左手不要离开活塞而任溶液自流。

（续 表）

考核项目及标准	扣分				
	学生姓名				
3）滴定时，要观察滴落点周围颜色的变化，不要去看滴定管上的刻度变化。					
4）控制适当的滴定速度，一般每分钟 10ml 左右，接近终点时要一滴一滴加入，即加一滴摇几下，最后还要加一次或几次半滴溶液直至终点					

附表 7-5　化学检验工评分标准

序号	作业项目	考核内容	配分	操作要求		考核记录	扣分	得分
一	基准物及试样的称量（11分）	天平准备工作	1	1. 预热				
				2. 水平				
				3. 清扫				
				4. 调零				
				每错一项扣 0.5 分，扣完为止				
		称量操作	4	1. 称量物放于盘中心				
				2. 在接受容器上方开、关称量瓶盖				
				3. 敲的位置正确				
				4. 手不接触称量物或称量物不接触样品接受容器				
				5. 称量物不得置于台面上				
				6. 边敲边竖				
				7. 及时盖干燥器				
				8. 添加样品次数≤3 次				
				每错一项扣 0.5 分，扣完为止				
		基准物称量范围	3	±5%＜称量范围≤±10%	扣 1 分/个			
				称量范围＞±10%	扣 3 分/个			
				扣完为止				
		试样称量范围	2	±5%＜称量范围≤±10%	扣 1 分/个			
				称量范围＞±10%	扣 2 分/个			
				扣完为止				

序号	作业项目	考核内容	配分	操作要求	考核记录	扣分	得分
一		结束工作	1	1. 复原天平			
				2. 清扫天平盘			
				3. 登记			
				4. 放回凳子			
				每错一项扣 0.5 分,扣完为止			
二	基准物溶解及试剂的加入(2分)	溶样方法	2	1. 将壁上固体全部冲下			
				2. 试剂沿壁加入			
				3. 搅拌动作正确(不连续碰壁)			
				4. 同一根玻璃棒未冲洗就混用			
				每错一项扣 0.5 分,扣完为止			
三	定量转移并定容(8分)	容量瓶洗涤	0.5	洗涤干净			
		容量瓶试漏	0.5	试漏方法正确			
		定量转移	4	1. 溶样完全后转移(无固体颗粒)			
				2. 玻璃棒拿出前靠去所挂液			
				3. 玻璃棒插入瓶口深度为玻璃棒下端在磨口下端附近			
				4. 玻璃棒不碰瓶口			
				5. 烧杯离瓶口的位置(2cm 左右)			
				6. 烧杯上移动作			
				7. 玻璃棒不在杯内滚动(玻璃棒不放在烧杯尖嘴处)			
				8. 吹洗玻璃棒、容量瓶口			
				9. 洗涤次数至少 3 次			
				10. 溶液不洒落			
				每错一项扣 0.5 分,扣完为止			
		定容	3	1. 2/3 水平摇动			
				2. 近刻线停留 2 分钟左右			
				3. 准确稀释至刻线			
				4. 摇匀动作正确			
				5. 摇动 7～8 次打开塞子并旋转 180°			

（续　表）

序号	作业项目	考核内容	配分	操作要求	考核记录	扣分	得分
三				6. 溶液全部落下后进行下一次摇匀			
				7. 摇匀次数≥14 次			
				每错一项扣 0.5 分，扣完为止			
四	移取溶液（5分）	移液管洗涤	0.5	洗涤方法正确，洗涤干净			
		移液管润洗	1.5	1. 溶液润洗前将水尽量沥（擦）干			
				2. 小烧杯与移液管润洗次数≥3 次			
				3. 溶液不明显回流			
				4. 润洗液量 1/4 球至 1/3 球			
				5. 润洗动作正确			
				6. 润洗液从尖嘴放出			
				每错一项扣 0.5 分，扣完为止			
		吸溶液	1	1. 插入液面下 1～2cm			
				2. 不能吸空			
				3. 溶液不得回放至原溶液			
				每错一项扣 0.5 分，扣完为止			
		调刻线	1	1. 调刻线前擦干外壁			
				2. 调刻线时移液管竖直、下端尖嘴靠壁			
				3. 调刻线准确			
				4. 因调刻线失败重吸≤1 次			
				5. 调好刻线时移液管下端没有气泡且无挂液			
				每错一项扣 0.5 分，扣完为止			
		放溶液	1	1. 移液管竖直、靠壁、停顿约 15 秒、旋转			
				2. 用少量水冲下接受容器壁上的溶液			
				每错一项扣 0.5 分，扣完为止			
五	托盘天平使用（1分）	托盘天平检查	0.5	检查平衡，未检查扣 0.5 分			
		称量	0.5	1. 称量物放左盘			
				2. 取出的固体不回原试剂瓶			
				每错一项扣 0.5 分，扣完为止			

序号	作业项目	考核内容		配分	操作要求	考核记录	扣分	得分
六	滴定操作（5分）	滴定管的洗涤		0.5	洗涤方法正确,洗涤干净			
		滴定管的试漏		0.5	试漏方法正确			
		滴定管的润洗		0.5	1. 润洗前尽量沥干			
					2. 润洗量 10～15ml			
					3. 润洗动作正确			
					4. 润洗≥3 次			
					每错一项扣 0.5 分,扣完为止			
		装溶液		1.0	1. 装溶液前摇匀溶液			
					2. 装溶液时标签对手心			
					3. 溶液不能溢出			
					4. 赶尽气泡			
					每错一项扣 0.5 分,扣完为止			
		调零点		0.5	调零点正确			
		滴定操作		2.0	1. 滴定前用干净小烧杯靠去滴定管下端所挂液			
					2. 终点后尖嘴处内没有气泡或挂液			
					3. 滴定操作与锥形瓶摇动动作协调			
					4. 终点附近靠液次数≤4 次			
					5. 不成直线(虚线)			
					6. 消耗溶液体积＜50ml,若＞50ml 按 50ml 计算			
					每错一项扣 0.5 分,扣完为止			
七	滴定终点（5分）	标定	纯蓝色	5	过终点的检验方法:加 1 滴 $c(Zn^{2+})=$ 0.025mol/L 的 Zn^{2+} 溶液,若溶液不为纯蓝色,则终点正确,否则过终点			
		测定	蓝紫色		过终点的检验方法:加 1 滴 $c(Ni^{2+})=$ 0.025mol/L 的 Ni^{2+} 溶液,若溶液不为蓝紫色,则终点正确,否则过终点			
					每错一项扣 1 分,扣完为止			

（续　表）

序号	作业项目	考核内容	配分	操作要求		考核记录	扣分	得分
八	读数（1分）	读数	1	停留30秒读数，读数正确，读数错误扣1分 正确的判断标准为：允许误差最大为±0.02ml，读错的数据请另一位裁判复核，并请裁判长签字				
九	文明操作结束工作（1分）	物品摆放	1	仪器摆放不整齐、水迹太多、废纸/废液乱扔乱倒，无结束工作或不好，每错一处扣0.5分				
十	重大失误（错误）		0	溶液配制失误，重新配制的，每次倒扣6分				
			0	重新滴定，每次倒扣6分				
			0	试样洒落，每洒落一次倒扣3分				
			0	加错试剂，每加错一次倒扣3分				
			0	称量失败，每重称一次倒扣5分				
			0	打坏仪器照价赔偿				
			0	未完成的标定或测定或空白，每次倒扣6分				
				篡改（如伪造、凑数据等）测量数据的，总分以零分计				
十一	总时间（0分）	210分钟	0	按时收卷，不得延时				
十二	数据记录及处理（1分）	记录、计算及有效数字保留	1	有效数字保留正确，每错一处扣0.5分，扣完为止 缺计算过程或计算错误每步倒扣5分，由此产生的连带错误不再扣分				
十三	标定结果（待考后对真值和差异值处理完成后，用试卷批改软件计算）（30分）	精密度	12	极差的相对值≤0.10%	扣0分			
				0.10%<极差的相对值≤0.15%	扣2分			
				0.15%<极差的相对值≤0.20%	扣4分			
				0.20%<极差的相对值≤0.25%	扣6分			
				0.25%<极差的相对值≤0.30%	扣8分			
				极差的相对值>0.30%	扣12分			
		准确度	18	相对误差≤0.10%	扣0分			
				0.10%<相对误差≤0.15%	扣2分			
				0.15%<相对误差≤0.20%	扣6分			

序号	作业项目	考核内容	配分	操作要求		考核记录	扣分	得分
十三				0.20%<相对误差≤0.25%	扣 10 分			
				0.25%<相对误差≤0.30%	扣 14 分			
				相对误差>0.30%	扣 18 分			
十四	测定结果（待考后对真值和差异值处理完成后,用试卷批改软件计算）（30分）	精密度	12	极差的相对值≤0.10%	扣 0 分			
				0.10%<极差的相对值≤0.15%	扣 2 分			
				0.15%<极差的相对值≤0.20%	扣 4 分			
				0.20%<极差的相对值≤0.25%	扣 6 分			
				0.25%<极差的相对值≤0.30%	扣 8 分			
				极差的相对值>0.30%	扣 12 分			
		准确度	18	相对误差≤0.10%	扣 0 分			
				0.10%<相对误差≤0.15%	扣 2 分			
				0.15%<相对误差≤0.20%	扣 6 分			
				0.20%<相对误差≤0.25%	扣 10 分			
				0.25%<相对误差≤0.30%	扣 14 分			
				相对误差>0.30%	扣 18 分			